BAJO EL SOL

LINDA GEDDES

BAJO EL SOL

La nueva ciencia de la luz solar y cómo influye en el cuerpo y la mente

URANO

Argentina – Chile – Colombia – España
Estados Unidos – México – Perú – Uruguay

Título original: *Chasing the Sun – The new science of sunlight and how it shapes our bodies and minds*
Editor original: Profiles Books Ltd., London, UK
Traducción: Antonio-Prometeo Moya

1.ª edición Noviembre 2019

Plaza de los Reyes Magos, 8, piso 1.º C y D – 28007 Madrid
www.edicionesurano.com

ISBN: 978-84-16720-83-5
E-ISBN: 978-84-17780-53-1
Depósito legal: B-18.651-2019

Fotocomposición: Ediciones Urano, S.A.U.

Impreso por: Rotativas de Estella – Polígono Industrial San Miguel Parcelas E7-E8
31132 Villatuerta (Navarra)

Impreso en España – *Printed in Spain*

Para mi madre,
que prolonga las noches con un entusiasmo envidiable

Índice

Introducción

Si alguna vez necesitas recordar el impresionante poder del sol, el desierto de Mojave es un buen lugar para empezar. En verano, cuando la temperatura suele alcanzar los 49 ºC durante el día, salir a la calle es como abrir la puerta de un horno gigantesco.

La flora y fauna locales saben defenderse de este calor: los árboles de Josué son resistentes, en vez de hojas tienen púas cóncavas, para minimizar la pérdida de agua y canalizar hacia el tronco y las raíces la poca lluvia que cae; las liebres propias del lugar tienen las orejas muy largas, con vasos sanguíneos superficiales que permiten eliminar rápidamente el calor corporal. Algunos animales son nocturnos o salen únicamente al amanecer o al atardecer, para evitar el calor del sol; mientras que otros, como la tortuga del desierto, duermen durante todo el verano en madrigueras subterráneas. Además, están los buitres, que se refrescan orinándose en las patas.

Los humanos no están tan bien equipados para vivir en unas condiciones tan duras. En el desierto de Sonora, en la frontera entre Estados Unidos y México, mueren al año centenares de emigrantes de América Central que quieren entrar en Estados Unidos, a causa de la deshidratación y el sobrecalentamiento producidos por el sol.

Pero la fuerza del sol también crea oportunidades. Las plantas aprovechan sus rayos para generar alimentos y se multiplican las granjas solares que aspiran a transformar esos rayos en electricidad. En la más grande, la Ivanpah Solar Plant, situada a 70 kilómetros al suroeste de Las Vegas, un deslumbrante mar de espejos que siguen la trayectoria del sol refleja y proyecta su luz sobre tres torres coronadas por calderas, que ponen en marcha turbinas que suministran electricidad a cientos de miles de hogares. Lo sentimos por los pájaros que se pongan en el camino de estos rayos de sol concentrados: los llaman «serpentinas», porque arden inmediatamente y no dejan tras de sí más que una voluta de humo blanco. Durante siglos, en civilizaciones separadas por miles de kilómetros de tierra y mar, la gente ha adorado al sol como creador y también como destructor…, una relación que continúa en nuestros días.

Pero en Las Vegas, que se levanta desafiante en este paisaje hostil, el sol ha sido destronado. Por la noche, el Strip de Las Vegas, inundado de neón, tiene fama de ser el lugar más luminoso de la Tierra, ya que desde la cima de la pirámide de cristal y acero que es el Hotel y Casino Luxor se emite la luz artificial más potente del planeta; todas las noches envía hacia arriba su potente «rayo celeste», como si desafiara directamente a nuestra estrella más cercana. En una noche despejada, los pasajeros de un avión pueden ver el haz luminoso desde unos 450 kilómetros, y los pilotos lo utilizan para ayudarse a navegar. La luz artificial también confunde los sistemas de navegación de los insectos, que encuentran allí la muerte: los enjambres concentrados son un banquete para los murciélagos, que a su vez son un festín para los rápidos búhos.

Los hoteleros de todo el territorio de Las Vegas se han dado cuenta de la influencia del sol en nuestra mente y nuestro estado de ánimo, y lo han prohibido deliberadamente en sus casinos. El ciclo de 24 horas de luz y oscuridad es crucial para nuestro sentido interno del tiempo; si no hay ventanas, los jugadores pierden más fácilmente la noción del tiempo y se quedan muchas más horas de lo que tenían previsto, máxime si el objeto de la luz artificial es mantenerlos despiertos. Algunos casinos incluso llegan a prohibir a los jugadores que lleven reloj, para que no puedan decir la hora si alguien les pregunta. Las sillas están ergonómicamente diseñadas para que los jugadores puedan pasar horas cómodamente sentados, recibiendo más oxígeno para estar más despiertos.

En este mundo crepuscular, la luz artificial es la soberana y puede tener un gran efecto sobre nosotros: estratégicamente situadas, las luces atraen a los consumidores hacia las ruidosas y centelleantes máquinas tragaperras; pero el color de la iluminación también puede ajustarse deliberadamente para manipular la conducta de las personas. La luz blanquiazul simula la luz del día y hace que la gente esté más despierta, lo que puede despistar e incitar a quedarse más rato en las mesas y en las tragaperras. La luz roja puede elevar nuestro nivel de excitación fisiológica: un estudio ha demostrado que el usuario apuesta más dinero, hace más apuestas y elige opciones más arriesgadas con luz roja que con luz azul. Otro estudio ha demostrado que compaginando luz roja y música rápida la gente apuesta más aprisa en la ruleta.

Hace algún tiempo me encontré en medio de este mundo confuso, mientras asistía a una conferencia sobre la que tenía que escribir un artículo para la revista *New Scientist*. Aturdida por el cambio de horario y tras haber pasado todo el día en una sala de reuniones sin ventanas, ansiaba estar al sol las pocas horas libres que tenía. Era octubre, lo que significaba que el calor era relativo, y el cielo del desierto estaba despejado, aunque toda la ciudad parecía ajena a este hecho, pues las cadenas de centros comerciales subterráneos unen un hotel con el siguiente para que nunca tengamos que salir a la superficie.

Finalmente, encontré algo que parecía un retazo de luz natural por encima de la falsa arquitectura grecorromana del laberíntico centro comercial del Caesar's Palace. Pero mi gozo se fue al pozo inmediatamente, porque cuando me acerqué y levanté la vista comprobé que lo que había en lo alto era un cielo impresionante, pero totalmente artificial. Mientras me desplomaba, vilmente vencida, junto a una reproducción de la Fontana de Trevi de Roma, me di cuenta de lo mucho que se ha adulterado nuestra relación con la luz natural.

* * *

Nuestra biología está hecha para funcionar en armonía con el sol. La propia vida apareció en la Tierra debido a su relación con el Sol. La distancia que hay entre la Tierra y el Sol, que no es ni poca ni mucha, sirvió para que el agua de la superficie terrestre se mantuviera líquida, mientras en Venus se evaporaba y en Marte se congelaba. Las reacciones causadas por el sol también proporcionaron las materias primas moleculares necesarias para que apareciese la vida en los primeros océanos. Unos mil cuatrocientos millones de años después aparecieron los diminutos organismos unicelulares que llamamos cianobacterias, que se aglutinaron y formaron grumos de un brillante azul verdoso. Y aunque de por sí eran diminutos, consiguieron hazañas extraordinarias: mediante la fotosíntesis asimilaban la luz del sol y la convertían en energía química, que almacenaban en forma de azúcar, incorporando así el sol a su identidad, por así decirlo. En el proceso producían oxígeno, que se acumuló y transformó la atmósfera terrestre en el lugar habitable que hoy conocemos.

La vida prosperó y se diversificó, evolucionando y cambiando hasta que, al cabo de otros dos mil cuatrocientos millones de años, apareció la especie humana. Mientras nos alimentábamos con las plantas y los animales que había en abundancia y caminábamos bajo el sol, incorporábamos la luz estelar al tejido y la estructura de nuestro ser. Pues cada planta que comíamos dependía de la energía del sol, como todos los animales: estos no podían sobrevivir sin comer plantas… o sin comer animales que comieran plantas.

Y conforme penetraba la luz del sol por nuestros ojos cambiaba la química de nuestros cerebros, perfeccionando caminos que gobernaban nuestro sentido interno del tiempo. Así que el sol trajo orden a las reacciones bioquímicas y a la conducta de nuestros antepasados; y conforme observaban el sol y los puntos de luz que decoraban el firmamento por la noche, se dieron cuenta de que, además, aportaba orden espiritual a su vida.

Así que no es de extrañar que los humanos hayan adorado y reverenciado a nuestra estrella más cercana: desde los británicos y los irlandeses que adoraban los solsticios en la Edad de Piedra hasta los incas, que creían que descendían del dios solar Inti. Nuestras historias, religiones y mitologías están llenas de símbolos solares: ahí tenemos al dios griego Helios, que arrastraba el sol por el cielo con su carro; y a Walu, la Mujer Sol de color ocre de la mitología de los aborígenes del norte de Australia, que recorría el cielo con su antorcha; y la iconografía de la luz y el renacimiento en el cristianismo.

Esto tiene sentido, porque desde el origen mismo de la humanidad, el sol ha gobernado tanto nuestro cuerpo como nuestra experiencia del mundo. La salida y la puesta diarias del sol y las fluctuaciones climáticas de las estaciones debieron de parecer algo extraordinario a nuestros antepasados, por no hablar de lo mucho que cambiaba su vida.

Imaginémonos como trogloditas de la Edad de Piedra. No hay un calendario que nos diga qué día del año es; ni almanaques que expliquen qué ha pasado antes. No sabemos que el mundo es esférico, que tiene el eje inclinado, que da vueltas sobre sí mismo y alrededor del sol, ni que este es únicamente una entre muchos millones de inmensas bolas de fuego que flotan en un vacío llamado espacio. Y como no sabemos nada de esto, tampoco entendemos que el sol salga y se ponga cada día, ni que las estaciones se sucedan y se sucederán hasta que, dentro de unos cinco mil millones de años, nuestro sol se queme por completo, aunque no antes de haber secado toda el agua de la Tierra, dejando un planeta muerto y estéril tras de sí.

En lugar de esto, miramos al cielo e imaginamos una serie de personajes en movimiento, cada uno con su historia: una osa grande; una mujer encadenada; un héroe; una serpiente de agua. Y por encima de todo, adoramos al mayor y más brillante de estos cuerpos celestes: el sol, y también a su fría y pálida compañera, la luna. Los sentidos nos dicen que, cuando el sol está cerca y visible, las plantas crecen, los animales se reproducen y nosotros nos sentimos calientes y a gusto. Cuando el sol desaparece, los humanos y los animales sufren.

Nos parecerá que el sol tiene voluntad propia; una voluntad en la que a lo mejor influyen nuestras acciones. Y debido a esto, estudiamos sus movimientos, y nos fijamos por dónde sale y se pone diariamente este poderoso ser. Su desaparición regular y su mágico renacimiento de cada mañana coinciden con nuestras observaciones sobre la muerte y el nacimiento humanos; es posible que este carácter cíclico alimente la esperanza de que también nosotros renaceremos algún día.

Si estamos en Europa, sobre todo en el norte, habremos visto que el sol se desplaza por el horizonte cada día, como si quisiera marcharse, y sin duda habremos asociado este desplazamiento con el aumento del frío, la disminución de la luz y el marchitamiento de las cosechas. Finalmente, durante unos pocos días, cuando hace más frío, hay menos luz y todo está como muerto, el sol parece detenerse, como si estuviera meditando hacia dónde ir (la palabra «solsticio», del latín *solstitium*, significa "sol estático"). Es posible que haya una oportunidad de recuperar su favor. Si el sol vuelve, las semillas germinarán; las vacas, los cerdos y las ovejas tendrán crías, que engordaremos y consumiremos; y nuestros hijos sobrevivirán. Ya ha ocurrido antes, pero no hay garantías de que vuelva a ocurrir.

No perdemos el tiempo: llegamos de todas partes, nos reunimos, sacrificamos animales y celebramos una fiesta monstruosa; los ancianos dirigen complicadas ceremonias en las que el sol es el protagonista. En la oscuridad hay esperanza: de que la luz volverá y en las tierras baldías renacerá la vida.

En numerosos sitios hay pruebas arqueológicas de la preocupación de nuestros antepasados por los solsticios, especialmente el solsticio de invierno: en Newgrange, Irlanda, en Stonehenge, Inglaterra, en Machu Picchu, Perú, y en el Cañón del Chaco, Nuevo México.

Pero nuestros antepasados no solo adoraban al sol desde una perspectiva espiritual, también sabían que podían utilizarlo para recuperar la salud. Romanos, griegos, egipcios y babilonios reconocían que el sol tenía poderosas propiedades curativas.

Hace casi 4.000 años, el rey babilonio Hammurabi aconsejaba a sus sacerdotes que utilizaran la luz del sol en el tratamiento de algunas enfermedades. Había creencias parecidas en el antiguo Egipto y en la India, donde se utilizaban extractos de plantas y la luz del sol para tratar enfermedades dermatológicas como el vitíligo, que causa la despigmentación de la piel. Nuestros antepasados se dieron cuenta de que la luz del sol tenía el poder de transformar en agentes curativos otras sustancias corrientes, como hojas de plantas trituradas.

Esta «terapia fotodinámica» se ha redescubierto recientemente y algunos cánceres de piel se tratan en nuestros días aplicando un agente fotosensible en la zona afectada: cuando incide la luz en ellos, se produce una reacción química que mata las células cancerosas. La terapia fotodinámica también se usa cada vez más para tratar el acné. Además, las modernas clínicas dermatológicas utilizan la luz ultravioleta sin un agente fotosensible para tratar afecciones como el eccema y la psoriasis porque elimina la inflamación.

Nuestros antepasados utilizaban asimismo la luz solar como un tónico para afecciones no relacionadas con la piel. El Papiro Ebers —un tratado médico de alrededor de 1550 a.C.— aconsejaba untar y exponer al sol partes doloridas del cuerpo. Esto coincide con investigaciones muy modernas sobre cómo nos afectan los rayos del sol: además de luz ultravioleta, el sol emite radiaciones de todo tipo, desde longitudes de onda visibles que se perciben mejor cuando la luz incide sobre una gota de lluvia hasta luz infrarroja. La luz de ambos extremos del espectro puede influir en la percepción del dolor. La radiación infrarroja se utiliza ahora como tratamiento para varios tipos de dolor agudo y crónico, y en la actualidad se está investigando su utilidad para favorecer la curación de heridas. La radiación ultravioleta estimula la producción de endorfinas, que mitigan nuestra percepción del dolor.

El médico griego Hipócrates, a quien a menudo llamamos padre de la medicina moderna, recomendaba la luz del sol para la recuperación de la salud. Fomentó los baños de sol y construyó un gran solario en la isla griega de Cos, donde tenía un centro de tratamiento. Hipócrates creía que el sol podía ser beneficioso para el tratamiento de varias enfermedades, aunque advertía del peligro de la exposición excesiva, pidiendo moderación (un conocimiento que hoy sigue considerándose exacto). De hecho, la primera descripción de que se tiene noticia en relación con el melanoma, el cáncer mortal de piel, procede de Hipócrates: su nombre deriva de las palabras griegas *mélas*, que significa "negro", y *oma*, que significa "tumor".

Hipócrates también puso los cimientos de la «observación clínica», pues creía que observar de cerca a un paciente y anotar sus síntomas era una parte fundamental del cuidado médico. Fue su atención al detalle lo que le permitió observar el primer ejemplo registrado de un ritmo diario en el cuerpo humanos, aparte del sueño: el flujo y reflujo de la fiebre cada veinticuatro horas[1].

Al igual que los antiguos médicos de la India y China, Hipócrates también se fijó en la importancia de las estaciones en la salud humana: «Quien desee ejercer la ciencia de la medicina de forma directa, primero deberá investigar las estaciones del año y lo que ocurre en ellas», escribió[2].

Como creía que las enfermedades se producían por el exceso o la deficiencia de cuatro fluidos («humores») corporales (flema, sangre, bilis amarilla y bilis negra), Hipócrates sostenía que los cambios estacionales de los humores explicaban los altibajos de diferentes enfermedades en diferentes épocas del año. En consecuencia, para mante-

---

1. https://physoc.onlinelibrary.wiley.com/doi/full/10.1113/exphysio1.2012.071118.

2. Richard Cohen, *Chasing the sun: The Epic Story of the Star That Gives Us Life*, Simon & Schuster, Londres, 2011, p. 292.

ner estos humores en equilibrio, aconsejaba a la gente que comiera y bebiera según las estaciones y adaptara a ellas el ejercicio que se hacía, incluso la frecuencia de las relaciones sexuales[3].

Otro celebrado médico griego, Areteo de Capadocia, recomendaba poner al sol a los «aletargados», mientras que el médico romano Celio Aureliano escribió que la luz, al igual que la oscuridad, podía utilizarse como tratamiento en medicina, según la afección. Había solarios en muchas casas y templos romanos, y los baños de sol se aconsejaban especialmente para la epilepsia, la anemia, la parálisis, el asma, la ictericia, la malnutrición y la obesidad.

Aunque no hay constancia escrita de la efectividad clínica de estos métodos, actualmente vemos algunos mecanismos plausibles por los que la exposición al sol podría haber tenido un efecto terapéutico. Por ejemplo, sabemos que nuestra piel, gracias al sol, produce vitamina D y que los niveles de dicha producción varían a lo largo del año; diversos estudios han relacionado la deficiencia de vitamina D con los ataques epilépticos y la anemia. El raquitismo también se debe a la falta de vitamina D, mientras que se ha demostrado que la administración suplementaria de esta vitamina previene infecciones del tracto respiratorio superior y el empeoramiento del asma.

La fototerapia se utiliza por doquier para tratar la ictericia en niños recién nacidos; la franja azul-verde del espectro solar descompone la bilirrubina, el pigmento presente en sangre que causa aquella. Afecciones relacionadas con el abatimiento, como el insomnio y la depresión, así como la obesidad, se han asociado a un reloj corporal desajustado, y la exposición regular a la luz del sol, sobre todo a primera hora de la mañana, puede fortalecer estos ritmos cotidianos. La exposición al sol también estimula la disponibilidad cerebral de serotonina, la sustancia que regula el estado de ánimo, mientras que se

---

3. Q. Dong, «Seasonal Changes and Seasonal Regimen in Hippocrates», *Journal of Cambridge Studies*, 6 (4), 2011, p. 128: https://doi.org/10.17863/CAM.1407.

está investigando el efecto de la oscuridad en el tratamiento del síndrome maníaco.

* * *

Se están investigando las fluctuaciones estacionarias y diarias de la luz y la oscuridad, y su impacto en nuestro cuerpo, y cada vez son más aceptadas por los científicos modernos. Vivimos en un mundo muy diferente del que habitaban nuestros antepasados, y nuestra vida genera y sufre presiones que suponen un impacto significativo en nuestro bienestar. Los humanos han evolucionado para sincronizar el sueño con la oscuridad y solemos estar más activos cuando ha salido el sol. Como sabe cualquiera que haya trabajado en un turno de noche o tomado un vuelo de gran distancia y sufrido el cambio de horario, no podemos ignorar alegremente esta disposición nuestra: es muy difícil dormir cuando el cuerpo cree que debería estar despierto, y viceversa. Pero el sueño solo es la punta del iceberg. El cuerpo no es el mismo durante el día que durante la noche: los riñones están menos activos de noche, lo que significa que producimos menos orina y necesitamos orinar menos; la temperatura corporal es más baja, al igual que la velocidad de nuestras reacciones; y nuestro sistema inmunológico responde de forma diferente a los invasores. Luego, cuando sale el sol y comienza el día, la presión sanguínea y la temperatura corporal se elevan; las hormonas del hambre aprietan; y nuestro cerebro y nuestros músculos pisan el acelerador.

Estas fluctuaciones diarias en nuestra biología se llaman ritmos circadianos y son tan importantes para nosotros como para los coyotes del desierto y las serpientes de cascabel, que solo entran en actividad cuando el sol está bajo o desaparece del cielo: son la razón de que nos sintamos tan mal cuando los vuelos largos nos cambian el horario, o de que comencemos a bostezar cuando se pone el sol. El ajuste de nuestros impulsos, conductuales y bioquímicos, nos prepara para los acontecimientos regulares del entorno, como las horas de comer o de levantarse por la mañana, que vienen dictadas por el ciclo diario de luz y oscuridad. La luz del sol, y su ausencia por la noche, es el principal mecanismo que utilizamos para sincronizar estos ritmos internos con la hora del día. Si no vemos suficiente luz del sol, o nos exponemos demasiado a la luz artificial por la noche, nuestro cuerpo se siente confuso y ya no funciona con la misma eficiencia.

Los ritmos circadianos comienzan a desarrollarse en el útero, pero los que gobiernan el sueño no se desarrollan totalmente hasta varios meses después del nacimiento. Tiene sentido: los recién nacidos necesitan alimentarse poco y con frecuencia, y un período prolongado de sueño podría estropearlo. Aun así, los niños reciben indicaciones químicas sobre el tiempo a través de la leche de la madre, que estimula el sueño durante la noche; además, los niños expuestos a más luz durante el día también duermen más profundamente por la noche.

En los adultos hay ritmos diarios en la temperatura corporal, la fuerza física, la atención, la secreción de hormonas y muchas más cosas.

La luz del sol no solo afecta al reloj corporal, también afecta a nuestra salud física y mental de varias formas. Casi todos somos conscientes de que necesitamos la luz solar para producir vitamina D, que es esencial para tener un esqueleto sano. Pero los científicos están descubriendo nuevos y sorprendentes beneficios curativos de estar al aire libre. Hay crecientes indicios que sugieren que nuestra exposición al sol durante toda la vida, incluso antes de nacer, puede determinar la propensión a padecer una serie de dolencias, desde la depresión hasta la diabetes. Recientes estudios han revelado una relación protectora entre la exposición al sol y la esclerosis múltiple y la miopía infantil. Empezamos a entender que estar al sol puede bajar la presión sanguínea, calmar el sistema inmunológico e incluso alterarnos el estado de ánimo. Incluso con ese conocimiento, casi todos nos sentimos atraídos hacia la luz del sol porque sentirla es fenomenal, y tiene que haber una razón para eso: cuando los rayos del sol inciden en nuestra piel, el cuerpo libera endorfinas, las mismas hormonas «del bienestar» que impulsan a un corredor.

Hay buenas razones para sentir depresión o ansiedad cuando nos quitan la luz de sol. Mientras avanzaba como una polilla aturdida por centros comerciales subterráneos y vastos casinos, con un sentido del tiempo cada vez más distorsionado, me puse a pensar en lo mucho que añoramos el sol en lo más crudo del invierno o cuando estamos mucho tiempo sin salir a la calle; en cómo incluso dar un paseo en día nublado suele ser un gran tónico. Y mi mente se puso a dar vueltas a la forma en que una mala relación con la luz del sol puede afectar e incluso dañar nuestra salud.

Las Vegas es un ejemplo extremo, pero lo cierto es que casi todos tenemos una relación con el sol mucho más débil que nuestros antepasados. Mientras ellos estaban expuestos a un régimen extremo de luz, oscuridad, calor, frío, comilonas y hambre por culpa o a causa del sol, nosotros rehuimos el sol durante el día y, gracias a las bombillas eléctricas, las pantallas y la calefacción central, explotamos una versión artificial del sol por la noche. Esto cambia muchas indicaciones naturales que le dicen a nuestro cuerpo que es hora de dormir. Y como estamos más activos de noche, a menudo tomamos la comida más abundante del día cuando estamos fisiológicamente menos preparados para digerirla. Al mismo tiempo, tener que empezar a trabajar temprano por la mañana implica despertarnos antes de que nuestro cuerpo esté preparado. Aparte de ser causa de confusión e irritabilidad, la privación crónica de sueño está apareciendo como una causa importante de la mala salud. Necesitamos dormir para recuperarnos mental y físicamente de la vida diaria: la omnipresencia de luz artificial por la noche nos está robando una de las mejores medicinas preventivas que hay.

Además, por culpa de las oficinas mal iluminadas, los filtros solares y la vida en interiores nos estamos privando de los rayos ultravioleta que nuestra piel necesita para sintetizar la vitamina D y —como los científicos no cesan de comprobar— para mejorar nuestro sistema inmunológico y regular nuestra presión sanguínea. Y significa que no sabemos aprovechar lo mucho que influye el sol en nuestro estado de ánimo.

Pero los horarios de nueve a cinco, en Estados Unidos, por lo menos, están sincronizados con el ciclo día/noche. En 2007, cuando viajé a Las Vegas, la Agencia Internacional de Investigación del Cáncer incluyó los turnos de noche en la lista oficial de carcinógenos «probables». Exponerse a luces brillantes de noche, como hacen los que trabajan de noche y los clientes de los casinos, fuerza al cuerpo a estar despierto cuando debería estar durmiendo, precipitando una serie de efectos dañinos. El turno de noche y la luz cada vez más brillante de los interiores se han relacionado con una gran cantidad de dolencias, incluidas las enfermedades del corazón, la diabetes tipo 2, la obesidad y la depresión. Algunos académicos incluso han sugerido que la luz artificial podría ser el motivo de que estas dolencias hayan alcanzado proporciones de epidemia en la vida moderna. Otra teoría de por qué el horario laboral nocturno se asocia con tantas enfermedades es que nos impulsa a comer cuando nuestros cuerpos creen que deberíamos estar durmiendo, lo que aún confunde más nuestros ritmos internos.

Durante las dos últimas décadas se ha producido una revolución científica en el campo de la cronobiología, que estudia estos cambios cíclicos en nuestros cuerpos, y la importancia vital de nuestra relación biológica con nuestra estrella más cercana se va aclarando de manera creciente. El premio Nobel de Medicina de 2017 recayó en biólogos circadianos, en reconocimiento por lo importante que es esta relación para la salud humana. Casi la mitad de nuestros genes está bajo el control circadiano, incluidos los que se asocian con todas las enfermedades graves investigadas hasta ahora, como el cáncer, el alzheimer, la diabetes tipo 2, las enfermedades coronarias, la esquizofrenia y la obesidad. Interrumpir estos ritmos, por ejemplo durmiendo, comiendo o haciendo ejercicio cuando no toca, se asocia con un riesgo cada vez mayor de sufrir muchas de estas enfermedades o un agravamiento de los síntomas asociados a ellas. Más aún, la acción de muchos fármacos de la medicina moderna se basa en pautas biológicas reguladas por relojes circadianos, lo que significa que pueden ser más o menos efectivos dependiendo de cuándo los tomemos. Además, los efectos secundarios de la radioterapia y diversos productos quimioterapéuticos utilizados para tratar el cáncer pueden reducirse significativamente si se aplican en el momento en que las células sanas, a las que también dañan, están descansando.

Nuestra relación física con el sol también tiene consecuencias para las personas más sanas y en forma. Los deportistas de talla mundial contratan a biólogos circadianos para optimizar su rendimiento físico, mientras que la NASA y la Marina estadounidense están aplicando esta asombrosa ciencia para mantener a los astronautas y los submarinistas con una buena forma mental durante sus turnos y ayudarlos a superar los cambios de horario con más rapidez.

Y no es solo la luz solar. Cada vez más estamos aprendiendo la manera de aprovechar la luz artificial para mejorar la vigilia y la salud física en lugar de deteriorarlas. A medida que envejecemos nuestros ritmos circadianos pierden fuerza y se vuelven menos pronunciados, así que los científicos están investigando si la luz artificial podría utilizarse para complementar la luz solar en los hospitales, para fortalecer los ritmos y aliviar algunos síntomas de la demencia. Los hospitales utilizan una iluminación basada en el ritmo circadiano para contribuir a mejorar la recuperación de los pacientes que han sufrido un derrame u otras enfermedades graves, mientras que algunas escuelas la utilizan para mejorar el sueño de los alumnos, para que estén más despiertos durante el día y en los exámenes.

Un mejor conocimiento de nuestra relación con la luz podría mejorar múltiples aspectos de nuestra salud, tanto mental como física: este libro enseña lo que se necesita saber y lo que puede hacerse para mejorar el ritmo circadiano, para optimizar el sueño y el rendimiento y para acelerar la recuperación de los cambios de horario. También revela otras propiedades saludables del sol y cómo utilizarlas para frenar sus efectos dañinos.

Forjar una relación más saludable con la luz no significa tener que apagar nuestros aparatos electrónicos y volver a la Edad Media. Pero necesitamos reconocer que es perjudicial tener luz excesiva por la noche y no tener luz brillante durante el día, así que para poner remedio a esta situación hay que dar los pasos necesarios. Evolucionamos en un planeta que gira alrededor del Sol cuando el día era día y la noche era noche: es hora de volver a conectarnos con esos extremos.

* * *

Durante miles de años la gente ha visto el sol como algo crucial para la salud y ha visto en sus ciclos diarios y anuales una clave para entender el cosmos. Y, sin embargo, parece que actualmente, en la vida cotidiana, lo pasamos por alto o lo olvidamos.

Hipócrates nos habría animado a relacionar los cambios estacionales con nuestros cambios de humor y nuestra capacidad para hacer cosas, y a adaptar nuestra conducta en consecuencia. Sin embargo, la relativa comodidad de nuestras casas y oficinas y las necesidades económicas nos incitan a mantener el mismo ritmo de trabajo todo el año. También esperamos mantener un nivel similar de sociabilidad. El invierno es visto como una incomodidad sombría y, en lugar de salir a la calle a aprovechar la poca luz que haya, encendemos las luces y ponemos en marcha la calefacción central. Esto puede ir en detrimento de nuestra salud mental: la exposición a la luz brillante, sobre todo por la mañana temprano, es una manera investigada y comprobada de combatir la melancolía invernal. De igual forma, muchos tenemos la luz y la calefacción encendidas hasta mucho después de que el sol se haya puesto y pasamos estas noches iluminadas delante de aparatos electrónicos que aún producen más luz. Esto puede reducir nuestra capacidad para dormir bien por la noche.

Los antiguos tenían razón al poner el Sol en el centro de su mundo. La luz del sol fue esencial para la evolución de la vida en la Tierra, y sigue influyendo en nuestra salud actualmente. Pero la oscuridad también es importante: el ciclo natural de noche y día afecta a todo, desde nuestras horas de sueño hasta la presión arterial y la misma duración de la vida de cada persona. Negarse a entrar en este ciclo, como hacemos cuando nos acomodamos en interiores y pasamos las noches bajo brillantes luces artificiales, podría tener consecuencias a largo plazo que solo estamos empezando a conocer.

1

Los relojes biológicos (Los ritmos circadianos)

Observado con un telescopio solar, el Sol parece un disco rojo sangre sobre un telón de fondo negro: casi una bandera pirata. Sigamos mirando. Conforme se adaptan los ojos, la superficie solar adquiere una textura moteada y con ampollas. Puede que distingamos un par de manchas negras, que bien podríamos tomar por polvo. Son manchas solares, zonas más oscuras y frías de la superficie del Sol, cada una del tamaño de la Tierra o mayor. Si miramos durante más de una semana o más, veremos que estas manchas se van desplazando hacia el borde del disco y que, por último, desaparecen. Al igual que la Tierra, el Sol gira sobre su eje constantemente, pero mientras que a nuestro planeta le cuesta 24 horas dar una vuelta completa, el sol tarda veintisiete días.

El disco rojo sangre tiene una anchura de 109 Tierras. Los fotones, esas partículas gracias a las cuales lo ven nuestros ojos, han tardado 170.000 años en ir desde el centro de la masa hirviente de plasma hasta la superficie. Desde la superficie, en cambio, tardan solamente 8 minutos y 20 segundos en atravesar el espacio y llegar a nuestro ojo. Explicado desde otra perspectiva, cuando esos fotones se pusieron en marcha, el ser humano acababa de inventar la ropa que ahora protege su piel de esos mismos fotones.

A Mark Galvin siempre le ha fascinado este aspecto de la astronomía: que cuando estás observando los cielos, estás mirando atrás en el tiempo. Cuando miras las estrellas en una cálida noche veraniega, no las estás viendo como son, sino como eran hace cientos de miles o millones de años. Incluso la Luna es 1,3 segundos más vieja cuando llega a nosotros la luz que se refleja en su superficie, pues ha tenido que viajar 400.000 kilómetros por el espacio. Estos hechos dispararon la imaginación de Mark a muy temprana edad, y si no hubiera sido por sus problemas con el sueño, le habría encantado estudiar astrofísica y cosmología en la universidad.

El interés de Mark por el sol es aún más fascinante, porque, a diferencia de muchos de nosotros, ha perdido su conexión biológica con él. Como resultado, todos los días se despierta hora y media más tarde que la víspera. Al cabo de siete días, cuando los amigos y los parientes de Mark van camino del trabajo, su cuerpo le dice que es hora de volver a casa. Al cabo de doce días, el sol matutino brilla tras la ventana del dormitorio de Mark, pero su cuerpo está convencido de que es media noche. Y así continúa, hasta que Mark completa el círculo y vuelve al ritmo de la sociedad normal. Luego, el círculo comienza otra vez.

Eso es cuando su reloj biológico es coherente; unas veces corre hacia atrás; otras, Mark está despierto durante 72 horas o duerme profundamente durante 24. En cierta ocasión estaba durmiendo mientras en su calle hubo una explosión; se evacuaron todas las casas menos la suya porque la policía no consiguió despertarlo.

Cuando me reúno con Mark para comer cerca de su casa, en las afueras de Liverpool, se encuentra en un inusual período de estabilidad. Pese a ello, me envía un mensaje diciendo que llegará tarde: su reloj biológico está muy atrasado en relación con el mío, y acaba de despertar. Cuando llega, pide un típico desayuno inglés (huevos, salchichas, beicon) y una taza de té, mientras yo pido un bocadillo propio del almuerzo.

No es de extrañar que la afección de Mark, un trastorno del ritmo circadiano llamado alteración del ciclo sueño-vigilia, haga que su trabajo y su vida social sean un desastre. Ha sido despedido de casi todos los empleos debido a su falta de puntualidad. Sus amigos lo llaman «Mark el tardón», y lucha denodadamente por conservar sus parejas; no puedes dejar plantada a tu novia el día de su cumpleaños, o el día de san Valentín, sin que haya consecuencias. Fue Mark quien rompió su última relación. «Me sentía fatal al ver la decepción en la cara de mi novia y estaba harto de aquello», dice. En cuanto a la sexualidad, Mark ha descubierto que despertar a alguien a las 3 de la madrugada porque «tiene ganas» no es forma de hacer las cosas.

Casi todas las personas se levantan cada día a una hora parecida, incluso sin despertador. Si a veces nos sentimos como un reloj, es porque hasta cierto punto lo somos. En cada célula de nuestro cuerpo hay un reloj biológico. Todos estos relojes están movidos por el mismo grupo de proteínas interactivas, que son resultado de «genes cronométricos». Podríamos representárnoslos como el péndulo y los engranajes de un reloj mecánico, que trabajan juntos para impulsar el movimiento de las manecillas, solo que, en este caso, impulsan cientos de procesos celulares. Esto permite a nuestras células coordinarse entre sí y sincronizar sus actividades con lo que esperan que ocurra en el mundo exterior.

Esta comparación puede ampliarse: así como el reloj de pie que tiene un péndulo largo se mueve ligeramente más despacio que otro que tenga un péndulo corto, también los diferentes relojes biológicos avanzan a velocidades ligeramente diferentes. Algunos tienen el péndulo corto y avanzan más rápido: las personas que tienen estos relojes tienden a ser como las gallinas, que se acuestan y se levantan temprano. Quienes tienen el péndulo más largo y van más despacio, suelen ser como las lechuzas, que se quedan despiertas hasta tarde y se levantan más tarde igualmente.

Cada uno de nuestros relojes biológicos está predeterminado genéticamente para avanzar al mismo ritmo, aunque puedan cambiar por factores externos, como el horario de las comidas, el ejercicio que hacemos, las medicinas que tomamos o, posiblemente, incluso la actividad de los microbios de los intestinos. Y aunque hay un reloj en cada célula, el tipo de célula influye en la respuesta a estos factores externos; el reloj de una célula del hígado puede responder antes al horario de las comidas, mientras que el reloj de la célula de un músculo podría responder antes al horario del ejercicio, etc.

Pero estos relojes tienen una cosa muy importante en común: todos responden a señales de una zona cerebral cuya misión es mantener sincronizados todos estos relojes entre sí y con la hora del día. Esta zona es el núcleo supraquiasmático (NSQ) y consiste en un pequeño grupo de células de una zona profundamente enterrada, que es el hipotálamo: si nos hiciéramos un agujero entre las cejas con un taladro, terminaríamos por alcanzarlo. Está estrechamente relacionado con la glándula pineal, a la que a veces llamamos «tercer ojo», aunque este nombre pegaría mejor con el reloj magistral, el NSQ.

Con 20.000 células y no mayor que un grano de arroz, este notable tejido es el equivalente biológico del meridiano de Greenwich: es el punto de referencia que los millones de relojes celulares del cuerpo utilizan para «ponerse en hora».

Si nos extirparan este reloj magistral, como han revelado experimentos realizados con ratas y hámsteres, los ritmos diarios de nuestros tejidos empezarían a descomponerse gradualmente. Y si nos implantaran otro, los ritmos reaparecerían, aunque la longitud innata del «péndulo» sería ahora la del reloj del donante. Así que el NSQ es realmente como un tercer ojo: mira hacia el interior y hacia el exterior para sincronizar el tiempo de dentro y el de fuera.

Los ritmos internos generados por estos relojes celulares se llaman ritmos circadianos, del latín *circa*, "alrededor", y *dies*, "día". Nos ayudan a prepararnos para los fenómenos periódicos de nuestro entorno, que están ligados a la rotación de nuestro planeta. El ejemplo más a mano es sentir sueño por la noche. Pero también nos prepara para ser más fuertes y tener reacciones más rápidas y estar mejor coordinados durante el día, cuando estamos fuera, explorando el mundo. Y también nuestro sistema inmunológico podría responder mejor a las bacterias y los virus en ese momento[4], y nuestra piel curarse más aprisa. Asimismo, hay ritmos diarios en nuestro estado de ánimo, en nuestra atención y nuestra memoria, incluso en nuestro rendimiento matemático.

Se cree que los ritmos circadianos aparecieron porque coordinar nuestras actividades con el ciclo día-noche mejora nuestras posibilidades de sobrevivir. Esto se ha demostrado experimentando con las mismas algas verdiazules, las cianobacterias, que tan importantes fueron para la aparición de la vida en la Tierra (véase la Introducción). Los investigadores han construido cepas mutantes de cianobacterias que tienen relojes internos más lentos o más rápidos que los de la naturaleza. Cuando las tienen en frascos separados, todas crecen a la misma velocidad, pero cuando las cepas se mezclan, lo que significa que tienen que competir por los recursos, se forma un cuadro interesante: según la longitud del ciclo luz-oscuridad en el que han crecido, unas cepas se imponen a otras. Cuando las cianobacterias han crecido en un ciclo de 11 horas de luz seguidas por 11 horas de oscuridad, construyendo así un «día» de 22 horas, las mutantes con relojes más cortos adelantan a las demás; pero en un «día» de 30 horas, ganan las mutantes con relojes más largos. Los investigadores también han estudiado cómo les va a las mutantes sin ritmo circadiano: se esfuerzan por competir con las cepas con ritmo, salvo cuando las luces está encendidas permanentemente.

El reloj de las cianobacterias es el caso de ritmo circadiano más antiguo que se conoce hasta la fecha. Una teoría dice que esos relojes aparecieron para proteger el ADN de las cianobacterias de la luz del sol. El ADN es muy sensible a la radiación ultravioleta (cuatro horas

---

4. Al menos si son exactos los experimentos realizados con ratones. Un estudio reciente ha revelado que el virus del herpes se reproduce hasta diez veces más si los ratones fueron infectados al comienzo de su fase de descanso y no en momentos en que suelen estar activos; véase http://www.pnas.org/content/early/2016/08/10/1601895113. Otros estudios sugieren que su vulnerabilidad a los patógenos transmitidos por la comida es también mayor en esos momentos; véase https://www.cell.com/cell-host-microbe/pdf/S1931-3128(17)30290-1.pdf.

de sol producen alrededor de diez mutaciones en el ADN de cada célula epitelial). Y aunque nuestras células tienen enzimas para reparar este daño, es poco probable que existieran hace millones de años en formas de vida primitivas. El ADN es especialmente sensible durante el proceso de sintetización, así que tiene sentido evitar el sol durante el día, cuando la radiación es más intensa; en realidad, las cianobacterias dejan de sintetizar ADN entre tres y seis horas durante el día.

Otra teoría dice que las cianobacterias produjeron estos ritmos con objeto de prepararse para la llegada diaria de la fotosíntesis, que, aunque sea muy beneficiosa, también crea especies reactivas de oxígeno (como los llamados «radicales libres») que pueden dañar las células. Al prepararse para la fotosíntesis, las cianobacterias pueden sincronizar la liberación de sustancias que absorban el oxígeno reactivo.

Independientemente del motivo por el que apareció, el reloj circadiano cumple hoy otra función importante en las cianobacterias: separa los procesos bioquímicos que compiten, algunos de los cuales dependen de la luz, y los sincroniza con el período más apropiado del día o de la noche. Calcular mal estos fenómenos, como ocurriría si el ritmo circadiano fuera mucho más largo o más corto que el ciclo luz-oscuridad en el que viven, los haría menos eficientes, lo que podría ser el motivo de que las cianobacterias con relojes extralargos prosperen en ciclos largos y que las de relojes extracortos prosperen en los ciclos cortos.

Se cree que los ritmos circadianos cumplen una función parecida en las células humanas, favoreciendo varias reacciones bioquímicas en diferentes momentos del día; de ese modo permiten a nuestros órganos internos cambiar de tarea y recuperarse. Por ejemplo, hace poco se descubrió un sistema que inyecta fluido en el cerebro mientras dormimos para expulsar las toxinas que se acumulan durante el día, como la proteína beta-amiloide, que se asocia con el desarrollo de la enfermedad de Alzheimer. El sueño también es importante para la fijación de los recuerdos recientes. Estos procesos no se producen con tanta eficiencia cuando estamos despiertos, así que al crear una ventana cuando se confirma activamente un período de sueño ya establecido, nuestros ritmos circadianos optimizan la capacidad de aprender y recuperarse.

También es posible que nos haya capacitado para desarrollarnos como criaturas sociales y sociables. Es más probable que cooperemos y trabajemos juntos en grupos unidos si comemos, nos relacionamos y dormimos más o menos a las mismas horas. También, como ilustra la experiencia de Mark, es más probable que nos reproduzcamos con eficiencia cuando nuestros deseos sexuales están sincronizados.

Las plantas también tienen ritmos circadianos: algunas especies de flores abren y cierran los pétalos en diferentes momentos del día. En el siglo XVIII, el taxonomista sueco Carlos Linneo ideó un reloj botánico basado en sus observaciones sobre el momento en que se abrían estas flores. Entre las 5 y las 6 de la mañana se abrían las campanillas y las rosas; de 7 a 8 era el turno de los dientes de león; de 8 a 9, las margaritas de El Cabo, etc.

Los jardineros también han notado que ciertas plantas huelen más a determinadas horas del día: por ejemplo, la rosa nube fragante tiene un olor más dulce por la mañana; las flores del limonero huelen más durante el día; los alhelíes y los jazmines nocturnos despiden su penetrante aroma al atardecer; y las petunias, que son polinizadas por polillas, huelen más de noche. Al sincronizar la emanación del olor con el momento de mayor actividad de sus polinizadores preferidos, las plantas ahorran sus recursos y se evitan el engorro de que insectos intrusos se beban su néctar.

Y no solo las plantas están en este juego: las abejas responden mejor a estímulos visuales durante el día, cuando están buscando flores y aprenden cuándo se abren y se cierran determinadas especies, planeando sus rutas de merodeo en consecuencia[5]. Además, las abejas pueden sufrir cambios de horario, como se demostró en 1955, cuando transportaron cuarenta abejas francesas en avión desde París hasta

5. https://www.ncbi.nlm.nih.gov/pmc/articles/PMC3022154/.

Nueva York, donde empezaron a activarse y a buscar néctar aunque las flores de las que se alimentaban aún no se habían abierto[6].

En realidad, se han encontrado ritmos circadianos en casi todos los organismos estudiados hasta ahora, desde las algas microscópicas hasta los roedores subterráneos, pasando por los canguros.

Hay unas pocas excepciones: aunque las cianobacterias y otras especies que habitan en nuestros intestinos están sometidas a ritmos circadianos, hay muchas bacterias que no; ni tampoco un puñado de organismos que se adaptaron a vivir en cuevas, o en los polos terrestres. Al igual que las cianobacterias arrítmicas descritas hace un par de páginas, es probable que tales organismos se defiendan mejor en estas condiciones constantes porque su biología también permanece constante. Los renos árticos son otro ejemplo: parece que desconectan sus relojes circadianos en verano y en invierno, cuando hay 24 horas de luz o 24 horas de oscuridad. Al igual que muchos otros animales, los renos también poseen un reloj anual, lo que significa que su biología cambia según las estaciones: es otra manera de prever los cambios regulares de su entorno y prepararse para ellos. Por ejemplo, los renos y muchas otras especies solo dan a luz en primavera, cuando hay más probabilidades de que las crías sobrevivan; los renos también están programados para desarrollar nuevas astas entonces.

* * *

Así pues, ¿cómo se generan estos ritmos diarios? La respuesta se encuentra en lo más profundo del ADN, como descubrí cuando visité el laboratorio de Michael Young en la Universidad Rockefeller de Nueva York. Allí, dentro de un contenedor de forma cónica, bulle un microcosmos donde se cuece la vida de la mosca de la fruta. Al fondo de la redoma, asomando del barro marrón y acre, hay dos diminutos gusanos transparentes a los que al parecer no molestan los enjambres

---

6. Peter Coveney y Roger Highfield, *The Arrow of Time*, Penguin Books, Londres, 1990.

de moscas adultas que se apretujan, levantan el vuelo y rebotan en las paredes de plástico. También parecen estar a salvo de este caos los capullos en forma de grano de arroz que se adhieren obstinadamente a las paredes de la redoma, junto con muchas moscas adultas inmóviles. Según Deniz Top, uno de los investigadores que me guía a través de este mundo desconocido, estas moscas están dormidas. Se sabe, me dice, porque sus patas están un poco más dobladas y sus cabezas y cuerpos ligeramente más bajos que cuando están despiertas. Si las tocas con un palito, tienes que darles con fuerza para que se muevan.

Las moscas de la fruta suelen ser esclavas de la rutina: ponen sus huevos por la mañana, duermen por la tarde, comen a lo largo del día y son más activas poco antes de la salida y la puesta del sol. Sus larvas también suelen nacer al amanecer.

Pero las moscas de esta redoma son «intemporales»: debido a mutaciones genéticas, les falta el reloj circadiano. Observando a estas moscas intemporales, se me ocurre que el caos de la redoma podría compararse al mundo de los humanos si no tuviéramos ritmos circadianos. Top mira su reloj: las tres menos cuarto de la tarde.

«A esta hora del día, casi todas las moscas estarían durmiendo», dice. Me pasa una probeta con moscas normales, o sea, sin mutaciones genéticas: casi todas están inactivas, y las pocas que se mueven lo hacen muy lentamente.

Young fue uno de los tres científicos que obtuvieron el premio Nobel de Medicina de 2017 por reunir las piezas del mecanismo molecular del reloj circadiano, y lo hicieron estudiando moscas de la fruta mutantes como estas.

Su trabajo se basó en estudios llevados a cabo por Seymour Benzer y su alumno Ronald Konopka en la década de 1970 en el Instituto Tecnológico de California[7]. Benzer quedó fascinado por la estricta

---

7. Benzer se inspiró en el trabajo de Colin S. Pittendrigh, a quien generalmente se considera padre fundador del estudio de los ritmos circadianos. Fue el primero en revelar que las larvas de la *Drosophila* salen del capullo con una regularidad matemática, aunque se mantengan en oscuridad constante.

regularidad diaria de las moscas de la fruta y se preguntó si no estaría determinada genéticamente. En consecuencia, él y Konopka aplicaron a las moscas machos agentes químicos que mutaran el ADN de su esperma y buscaron indicios de horarios alterados en las crías. Con el tiempo identificaron una variedad mutante cuyas larvas nacían a cualquier hora del día o de la noche. Poco después, identificaron dos variedades más que siempre nacían antes o después del amanecer. Los tres tipos de conducta fueron el resultado de diferentes mutaciones en un gen que se llamó *per* o «de la periodicidad».

Aunque esto sugería que el reloj circadiano tenía una base genética, no revelaba cómo funcionaba el reloj. El testigo fue recogido por Young, Jeffrey Hall y Michael Rosbash, de la Universidad Brandeis de Boston, Massachusetts. En la década de 1980 consiguieron identificar otros genes relacionados con los ritmos circadianos de las moscas, entre ellos uno llamado *tim* o «intemporal». También ataron cabos y averiguaron cómo los productos proteínicos de estos genes mueven el reloj circadiano. Dentro de cada célula tiene lugar un ciclo diario y autosuficiente que hace que las proteínas se acumulen, se junten y frenen su propia producción, antes de degradarse para que todo el proceso comience de nuevo.

Se ha descubierto también que un sistema parecido opera en las células de los mamíferos, incluidas las nuestras, y muchos genes implicados tienen notables similitudes con los que mueven el reloj de las moscas de la fruta.

El reloj circadiano es mucho más que una curiosidad biológica; en las dos décadas que han transcurrido desde este descubrimiento ganador del Nobel se han detectado estos relojes en casi todos los procesos biológicos estudiados. Hay un acentuado ritmo diario en la temperatura del cuerpo, en la presión arterial y en la hormona cortisol (también conocida como hormona del estrés), que estimula la atención: llega al punto máximo en el momento de despertar y va cayendo a lo largo del día. Los ritmos circadianos gobiernan la liberación de sustancias químicas del cerebro que regulan nuestro estado de ánimo, así como la actividad de las células inmunológicas que combaten las enfermedades, y la respuesta de nuestro cuerpo a la comida.

Además, la interrupción de los ciclos circadianos se considera ya una característica de las principales dolencias que afligen a la sociedad actual, desde la depresión hasta el cáncer, pasando por las enfermedades cardiovasculares. Y no son solo las enfermedades de los países ricos de Occidente las que se pueden tratar mejor si entendemos estos ritmos: el parásito responsable de la malaria también sincroniza su manifestación y desarrollo para que coincida con el reloj biológico de su anfitrión, lo que contribuye a maximizar su expansión.

Abandonados a sus propios recursos, estos relojes celulares marcharían alegremente con sus ritmos determinados genéticamente. A pesar de todo, aunque unos tenemos el péndulo corto y otros el péndulo más largo, casi todos nos las apañamos para sobrevivir e ir tirando en un planeta con un día de 24 horas. En cierto modo, estamos regidos por la rotación diaria de la Tierra, de lo contrario seríamos como las moscas de la fruta; entre nuestros movimientos habría un desfase que aumentaría poco a poco. ¿Cómo lo hacemos entonces?

* * *

Durante la década de 1960, un grupo de investigadores alemanes dirigidos por Jurgen Aschoff y Rütger Wever construyeron un refugio subterráneo cerca del monasterio de Andechs, Baviera, en el que tradicionalmente se fabricaba cerveza, y se pusieron a buscar gente que quisiera vivir en él. La idea era comprobar qué les ocurría a los ritmos circadianos de las personas cuando vivían al margen de los horarios del exterior y eran libres para elegir cuándo comer y dormir, o cuándo encender y apagar la luz. El refugio no tenía ventanas y estaba totalmente aislado del ruido y protegido contra las vibraciones del tráfico. Incluso utilizaron alambre de cobre como aislante por si las fuerzas electromagnéticas influían en la capacidad de medir el tiempo.

Dentro del refugio había dos viviendas amuebladas, en las que una serie de voluntarios vivió durante varias semanas. La comida y otros objetos se entregaban y recogían a intervalos irregulares para que los voluntarios no pudieran deducir la hora. Para llevar la cuenta de los períodos de descanso y actividad de los voluntarios, los suelos de cada apartamento estaban provistos de sensores eléctricos; se les medía constantemente la temperatura con una sonda rectal; y regularmente entregaban muestras de orina a los científicos, junto con listas de objetos que necesitaban los voluntarios. También llevaban diarios detallados sobre cómo se sentían durante aquel vivir «intemporalmente».

Durante los primeros nueve días de residencia, se ajustaba la luz, la temperatura y el ruido de la vivienda para que coincidiera con lo que ocurría en el mundo exterior. Luego se cambiaron estas claves externas, dejando que los voluntarios comieran, durmieran y estuvieran activos cuando les apeteciera.

Aislados del tiempo exterior, los voluntarios siguieron pasando casi una tercera parte del tiempo durmiendo y los dos tercios restantes despiertos, pero el horario de estos ciclos diarios de sueño y actividad variaron según el individuo: algunos comenzaron un nuevo ciclo algo inferior a las 24 horas; muchos iniciaron otro de casi 24 horas. Separados del mundo exterior, los voluntarios empezaron a «liberarse» de sus propios ritmos internos[8]. Aschoff y Wever supusieron que son nuestras interacciones sociales con otras personas las que nos mantienen sincronizados con el mundo de 24 horas. Pero resultó ser algo mucho más simple: era la luz.

Resulta que la luz actúa como el botón de reinicio de un cronómetro: altera el tiempo exacto del reloj magistral (el NSQ), procurando que esté coordinado con la salida y la puesta de sol. Si tenemos un

8. Los científicos llaman «período liberado» o «descontrolado» a la cantidad de tiempo que tarda en repetirse el ritmo endógeno o programado del individuo en ausencia de claves temporales del entorno, como la luz.

péndulo largo, exponernos a la luz brillante durante las horas del día dará un pequeño impulso a las manecillas de nuestro reloj, para que se sincronice con el sol. Si tenemos un reloj corto, las atrasará ligeramente, con el fin de que todo el mundo esté sincronizado. La luz es también lo que nos permite cambiar la hora de los relojes cuando viajamos entre zonas horarias y amanece antes o después. Somos especialmente sensibles a sus efectos por la noche y poco después del amanecer: la luz del principio del atardecer y de la noche hace que nuestros relojes atrasen, así que tenemos sueño más tarde, mientras que la luz matutina adelanta el reloj y hace que queramos dormir antes la noche siguiente.

Este mecanismo es el que se estropea en personas que sufren alteración del ciclo sueño-vigilia, y casi todas ellas, a diferencia de Mark, son ciegas.

* * *

Harry Kennet perdió la vista a los trece años, cuando con un amigo encontró un extraño objeto metálico rodeado por pequeñas bolsas de arena en un sembrado cerca de Minster, en el sureste de Inglaterra. Resultó ser una bomba antiaérea y explotó cuando los niños empezaron a tocarla. El amigo de Kennett murió y Harry perdió los ojos y una pierna. Sus heridas habrían podido ser peores si no hubiera cogido varias bolsas de arena (lastres del globo que transportaba la bomba) para llevárselas a su periquito. A partir de entonces, además del trauma del accidente, Kennet empezó a tener dificultades con el sueño[9].

Los trastornos del sueño son habituales en las personas ciegas, pero son más acusados y serios en aquellos que, como Kennett, no tienen una percepción consciente de la luz[10]. Estas personas suelen

9. https://www.kentonline.co.uk/kent/news/lifelong-islander-harry-lose-ca-a49624/.

10. Casi todos los ciegos, sin embargo, pueden percibir la diferencia entre la luz y la oscuridad, y dónde hay una fuente de luz. La ceguera total es la ausencia completa de percepción de la luz.

experimentar períodos en los que duermen bien y períodos en los que duermen realmente mal, en los que a menudo se quedan dormidos durante el día.

El horario de nuestro sueño está regulado por dos sistemas: un sistema «homeostático», que vigila cuánto tiempo llevamos despiertos e incita a dormir mediante la liberación en el cerebro de sustancias que inducen al sueño (más o menos como la arena que se acumula en el fondo de un reloj de arena), y un sistema circadiano, que envía señales de alerta durante el día y crea una ventana óptima para dormir por la noche.

Las personas ciegas nos han enseñado mucho sobre el funcionamiento del sistema circadiano, porque han puesto de manifiesto la importancia de los ojos para mantenernos sincronizados con el día de 24 horas. Si alguien pierde la vista, la inducción al sueño sigue aumentando, pero la ventana del sueño generada por su sistema circadiano cambia constantemente en consonancia con su reloj interno. Unas semanas dormirán de noche, y otras tendrán sueño en pleno día.

Ahora sabemos que la razón de que los ojos sean tan importantes para el reloj interno es que contienen un tipo muy especial de células, descubiertas en 2002. Antes de este año, se suponía que el ojo contenía dos tipos de células que respondían a la luz: los bastones, que se encargan de la visión en blanco y negro en un medio con poca luz, y los conos, que trabajan con luz más brillante y nos permiten percibir el color.

Esta suposición saltó por los aires en la década de 1990, cuando ciertos experimentos revelaron que ratones con una afección genética que les deterioraba los bastones y los conos podían adaptar su sistema circadiano a un ciclo de luz-oscuridad, mientras que otros a los que se les había extirpado los ojos no podían. Con el tiempo se identificaron los misteriosos centinelas que perciben la luz. En el fondo del ojo, detrás de la capa de los bastones y los conos, está la ventana del reloj magistral que da al mundo: un grupo de células fotosensibles (llamadas células ganglionares retinianas intrínsecamente fotosensibles) que permiten percibir el tiempo externo. Si se pierden esas células, como pasaría si los ojos fueran dañados por una bomba, el cuerpo pierde su capacidad de sincronizarse con el sol.

Cuando la luz incide en el ojo, estas células ganglionares envían una señal al reloj magistral del cerebro, que altera la expresión genética del reloj y hace que el tiempo del reloj se reinicie. Estas células retinianas son especialmente sensibles a la luz azul del espectro, que abarca la luz del día.

Aunque suele parecer blanca, la luz del sol está compuesta por un amplio espectro de diferentes longitudes de onda, incluida la luz azul. Esto no ocurre con muchas luces artificiales, que tienden a ser ricas en ciertas longitudes de onda y deficientes en otras. Esto es importante, porque, aunque todos los tipos de luz cambian el tiempo del reloj magistral si son lo bastante brillantes, unas tendrán un efecto mayor que otras.

Durante milenios, las únicas fuentes de luz disponibles por la noche eran la luna y las estrellas —que disponen de un amplio espectro de colores, pero son muy tenues—, o la leña ardiendo, o las velas de cera, o los candiles de aceite. La luz del fuego produce una gran cantidad de luz de la banda roja del espectro, pero muy poca azul, y también tiende a ser relativamente tenue, lo que significa que su efecto en el sistema circadiano es mínimo.

En cambio, la luz eléctrica (sobre todo la iluminación led de las pantallas de los ordenadores, presente cada vez más en las lámparas de las casas y las calles) es mucho más brillante y emite mucha más luz de la banda azul del espectro. Esto significa que se necesita menos cantidad para cambiar el horario del reloj. Esta es una de las razones por las que los científicos y los profesionales médicos hayan expresado su preocupación por la excesiva exposición nocturna a la luz artificial. Para más información sobre cómo nos afecta la luz brillante, véase el capítulo 3, «Turnos de trabajo».

* * *

Hay al menos otra cosa que puede mejorar la sincronización del reloj magistral del cuerpo, además de la luz: la administración de melatonina.

La melatonina es una hormona que la glándula pituitaria libera por la noche en respuesta a una señal del reloj magistral, el NSQ (por esta razón los científicos la utilizan como un indicador de la hora que el reloj magistral cree que es). También se piensa que la melatonina es uno de los mensajeros clave que utiliza el reloj magistral para informar al resto del cuerpo de que es de noche, incluida la parte del cerebro que produce sueño.

Además de estar bajo el control del reloj magistral, la liberación de melatonina es inhibida por la luz, sobre todo por la luz azul. Por lo tanto, la exposición a la luz artificial por la noche disminuye la duración de la noche biológica, lo que podría afectar al sueño de las personas, así como a otros importantes procesos que se dan por la noche, como la reparación muscular y la regeneración de la piel.

Así tenemos que el reloj magistral es también responsable de los niveles de melatonina. En 1987, el investigador británico Jo Arendt publicó un documento que revelaba que la administración suplementaria de melatonina podía utilizarse para cambiar la sincronización del reloj magistral y ayudar a la gente a recuperarse del cambio de horario con más rapidez[11]. El estudio produjo un revuelo en los medios de comunicación: «Tuvimos que correr para librarnos de los periodistas», recuerda Arendt. Sin embargo, el lado positivo de toda esta atención mediática fue que también llegó a oídos de Harry Kennett.

Pensando que sus problemas para dormir tenían mucho en común con el cambio de horario, llamó por teléfono a Arendt y le preguntó si la melatonina podría ayudarlo también a él.

---

11. https://www.tandfonline.com/doi/abs/10.1080/00140138708966031.

Intrigado, Arendt accedió a investigar. Acordaron que, durante un mes, Kennett tomaría melatonina o una píldora de placebo cada noche (él no sabría cuál) y luego invertiría el tratamiento durante otro mes. Dos días después de empezar a tomar la melatonina, Kennett telefoneó a Arendt para anunciarle: «Es como del día a la noche». Volvía a dormir con normalidad por primera vez desde la explosión.

Las personas videntes que padecen la alteración del ciclo sueño-vigilia, como Mark Galvin, son harina de otro costal. De niño, Mark dormía bien: solo en la pubertad empezaron a complicársele las cosas. Al principio solo le costaba dormir por la noche: «En lugar de dormirme, por ejemplo, a las 10 de la noche, me dormía a las 10 y cuarto», dice. Sin embargo la hora se fue retrasando poco a poco. A los doce años ya no se dormía hasta media noche; y cuando cumplió los quince, estaba en vela hasta pasadas las 2 de la madrugada. Esto le creaba problemas, porque aún tenía que ir al instituto por la mañana, así que cada vez dormía menos. Por si fuera poco, Mark cambió de centro y tenía que levantarse a las siete menos cuarto para coger un autobús.

Empezó a quedarse dormido y a tener problemas por llegar tarde, y como siempre estaba cansado, sus notas también empezaron a bajar.

«No dejaban de decirme: "Tienes mucho potencial, ¿por qué no te esfuerzas más?" Y: "Todos avanzan, ¿por qué tú no?"», cuenta Mark.

El Certificado General de Educación Secundaria (especie de reválida en el Reino Unido) fue un calvario, pero se esforzó y empezó a romperse los codos para sacar sobresalientes (quería estudiar astrofísica). Por aquellas fechas Mark hacía todo lo posible para dormirse antes de las 5 de la madrugada, y a menudo dormía menos de dos horas por noche:

«Fue la época en que empecé a prescindir totalmente del sueño, porque temía no despertar a tiempo al día siguiente».

La tendencia a dormir cada vez más tarde en la adolescencia es habitual (y contrasta con la tendencia a dormirse cada vez más pronto entre la madurez y la vejez), pero el caso de Mark era extremo. La pubertad parece precipitar un cambio en el horario de dormir de los adolescentes, retrasándolo normalmente unas dos horas. Así que pedirle a un adolescente normal que se levante a las siete de la mañana es como pedirle a un adulto que se levante a las cinco.

La exposición a la luz de las pantallas de móviles y ordenadores podría exacerbar el problema, porque la exposición a la luz de noche atrasa el reloj aún más, lo que significa que los adolescentes no tienen sueño hasta más tarde. Sin embargo, esta tendencia nocturna de los adolescentes se da a lo largo y ancho del mundo, incluso en comunidades sin acceso a la electricidad, donde es más débil pero está presente. No solo se atrasa la ventana del sueño óptimo, sino que la urgencia homeostática por dormir (la acumulación en el cerebro de sustancias inductoras del sueño) es más lenta y facilita la vigilia.

La adolescencia se considera un período crucial para el desarrollo del cerebro, y los adolescentes necesitan mucho más sueño que los adultos: parece que lo óptimo es dormir entre ocho horas y media y nueve horas y media. Sin embargo, una encuesta reciente de la Fundación Nacional de Estudios sobre el Sueño de Estados Unidos descubrió que el 59 por ciento de los adolescentes más jóvenes y el 87 por ciento de los adolescentes de más edad dormían muchas menos horas de las indicadas, al menos las noches de la semana escolar.

Los efectos adversos de la falta de sueño están bien documentados. La vigilia, la memoria, la organización, la gestión del tiempo y la atención quedan afectados, al igual que la capacidad para el razonamiento abstracto y la creatividad. Se ha demostrado que los adolescentes que sufren de falta de sueño crónica obtienen notas más bajas, faltan más a clase y renuncian a los estudios con más frecuencia. También corren más peligro de sufrir depresión y ansiedad y de tener ideas suicidas, y tienen más probabilidades de incidir en conductas arriesgadas, como el consumo de drogas y de alcohol. Ciertos estudios sugieren que los adolescentes cuyos padres han conseguido que se acuesten más temprano corren menos riesgo de sufrir depresión y de acariciar ideas suicidas.

No es de extrañar que Mark sufriera en el instituto. Con el tiempo renunció totalmente a sus planes universitarios y encontró trabajo como informático, pero seguía llegando tarde al trabajo, por lo que le costaba conservar los empleos. Más tarde, con veintitantos años, su régimen de sueño volvió a cambiar: en lugar de atrasarse, su ventana de sueño empezó a desplazarse diariamente.

Mark saca el teléfono y abre la aplicación que utiliza para anotar sus horas de sueño. Me enseña un gráfico, que registra el tiempo que ha dormido durante las últimas semanas y los últimos meses. Mientras que en la mayoría de los casos estos momentos coincidirían, porque esas personas duermen más o menos las mismas horas cada noche, en el caso de Mark trazan una diagonal en la pantalla y el gráfico es como una escalera. Cada día se va a la cama y se levanta más o menos una hora después que la víspera.

Compara su problema con estar en una órbita diferente de la del resto de la sociedad, lo que se traduce en una existencia solitaria, exceptuando los pocos días del mes en que coincide con el resto. Cuando esto ocurre, «se abre una línea de comunicación, puedes ir de compras y hablar con la familia y los amigos».

El gran avance de Mark se produjo cuando tenía veintiocho años y estaba trabajando como técnico en el centro de atención al cliente del hospital local. Una amiga del laboratorio asistió a una conferencia sobre la apnea durante el sueño, un trastorno en el que la gente deja de respirar brevemente mientras duerme. Un miembro del público hizo una pregunta sobre un problema diferente: el progresivo atraso de la hora de dormir cada noche, y ella apuntó el nombre del trastorno: alteración del ciclo sueño-vigilia.

Pasó la información a Mark, que inmediatamente buscó el término en Google y encontró una lista de síntomas.

«Imagina que abres un libro y lees una descripción del personaje principal, y resulta que tiene tu pelo y tu ropa, y desayuna lo mismo que tú —dice—. Todo lo que decía allí reflejaba la vida que había llevado yo los últimos quince años, palabra por palabra, desde los problemas que se agudizan hasta los diagnósticos equivocados.

Pertrechado con esta información, Mark visitó a su médico, que enarcó una ceja y lo envió a un experto del hospital, que a su vez lo envió a una clínica del sueño. Finalmente, ya con treinta años, le diagnosticaron la enfermedad que padecía.»

«Que un neurólogo te diga: "Es un problema real" después de estar veinte años oyendo decir a la gente: "Lo que pasa es que no quieres levantarte; no quieres irte a dormir" representó un alivio inmenso —dice—. Significaba que no estaba loco, y que no era un vago.»

Nadie sabe con certeza qué causa la alteración del ciclo sueño-vigilia en las personas videntes. Hasta cierto punto, podría ser algo voluntario: «Se quedan despiertos hasta tarde, ven luz hasta tarde y van atrasando el reloj cada vez más, lo cual precipita esta conducta descontrolada», dice Steven Lockley, neurocientífico del Hospital Brigham and Women de Boston, Massachusetts, que es experto en este trastorno. Sin embargo, también es probable que tengan una especial sensibilidad biológica a la luz o que su reloj magistral esté especialmente capacitado para captarla, pero aún tiene que determinarse. Varios casos publicados han descrito la aparición de síntomas tras una herida traumática en la cabeza o tras un tratamiento agresivo contra el cáncer, lo que también apunta a una causa física en la alteración del ciclo.

Otra teoría es que las personas como Mark tengan un péndulo demasiado largo: los estudios de personas videntes con el ciclo sueño-vigilia alterado sugieren que su reloj interno funciona con un ciclo de entre 24½ y 25½ horas, o incluso más largo. Aunque la luz puede adelantar o retrasar el reloj interno hasta cierto punto, hay límites, y por eso las cianobacterias creadas para tener un ritmo interno largo fueron incapaces de adaptarse a los días de 22 horas.

* * *

Las diferencias individuales en la longitud del péndulo están relacionadas con el «cronotipo» personal: la propensión innata a dormir a una hora concreta. Casi todas las personas dirán que son «gallinas» o «lechuzas», aunque los cronotipos no pueden dividirse en dos categorías tan tajantes, porque en realidad se trata de todo un espectro. Una gallina radical podría dormirse entre las nueve y las nueve y media de la noche y despertar entre las cinco y media y las seis de la mañana, si tuviera la oportunidad, mientras que una lechuza radical podría dormirse entre las tres y las tres y media de la madrugada y despertar alrededor de las once o las once y media. Casi todos somos «tipos intermedios» que preferimos irnos a dormir entre las diez y las doce de la noche y despertar entre las seis y las ocho de la mañana.

Se cree que estas preferencias se forman en la niñez: un reciente estudio de niños de dos a cuatro años reveló que el 27 por ciento era del tipo trasnochador, el 54 por ciento del tipo intermedio y el 19 por ciento del tipo nocturno, algo muy parecido a la proporción que encontramos en los adultos[12]. También existe un fuerte componente genético, así que si a los padres no les gusta irse a la cama hasta la madrugada, no debería sorprenderles que a sus hijos les cueste dormirse a primera hora de la noche.

Un pequeño número de personas se encuentra en los extremos del espectro. Suzanne Milne es una de esas personas: sufre de una afección llamada atraso del sueño (técnicamente: trastorno o síndrome de atraso de la fase del sueño) y, desde que puede recordar, ha tenido que esforzarse para conciliar el sueño antes de las 4 de la madrugada. Esto tuvo consecuencias catastróficas para ella mientras

---

12. http://www.tandfonline.com/doi/abs/10.3109/07420528.2016.1138120. Este estudio reveló además que los padres de niños de «tipo nocturno» tenían más problemas relacionados con el sueño. Sus hijos tenían más tendencia a no querer dormir por la noche, a despertar de mal humor y a tener conflictos con ellos.

estudiaba y en su primera época de adulta: a menudo, como Mark Galvin, estaba tan nerviosa por no despertarse a tiempo que no dormía en absoluto.

Este trastorno afecta a un porcentaje que oscila entre el 0,2 y el 10 por ciento de la población, según el criterio que se utilice para diagnosticarlo, y la falta de sueño que causa puede tener graves repercusiones. Suzanne pasó años durmiendo solo entre 15 y 20 horas a la semana. Madre soltera desde los dieciséis años, no podía permitirse el lujo de quedarse en la cama por las mañanas, y además del sueño perdido, tenía que preparar a su hijo Connor para ir al colegio, y luego ella tenía que prepararse para ir a la universidad o a trabajar.

Finalmente, esta privación crónica de sueño pudo con ella: en 2012 sufrió una serie de infecciones y luego comenzó a perder sensibilidad en las piernas. Los médicos creían que se trataba de un trastorno neurológico, pero no conseguían identificar la causa, hasta que mencionó sus problemas para dormir. Finalmente, la derivaron a un neurólogo del sueño, que le diagnosticó casi inmediatamente que padecía el trastorno del atraso de la fase del sueño. Tal como lo describió, el organismo de la mujer había llegado a un punto en que ya no podía soportar la falta de sueño.

En el otro extremo del espectro hay personas que padecen otro trastorno, llamado de adelanto de la fase del sueño, y que parecen estar programadas para despertarse a las 4 o las 5 de la madrugada, precisamente cuando personas como Suzanne empiezan a adormecerse. Se han identificado algunas de las variantes genéticas que nos predisponen a estas pautas de sueño, y son notablemente parecidas a las mutaciones que causan la alteración de los ritmos en las moscas de la fruta. En el caso del atraso del sueño, los investigadores del laboratorio de Young descubrieron hace poco que es frecuente encontrar en personas con este síndrome, que retrasa el sueño nocturno entre dos y dos horas y media, una mutación en un gen llamado CRY1, que tiene que ver con el reinicio del reloj interno en respuesta a la luz, tanto en moscas de la fruta como en humanos. Es probable que haya más mutaciones. Y en el caso de las gallinas radicales se ha hablado de una mutación en un gen relacionado estrechamente con uno de los que hacen que las moscas de la fruta se despierten pronto.

Por muy molesto que sea encontrarse en uno de los dos extremos —o, para el caso, despertarse cada vez más pronto cuando se envejece—, parece que esta variabilidad del cronotipo es beneficiosa para la sociedad humana en general. David Samson, antropólogo de la Universidad de Toronto, comenzó estudiando el sueño en chimpancés y orangutanes antes de pasar a los humanos. En 2016 obtuvo una beca de National Geographic para estudiar el sueño entre los hadza, una tribu de cazadores-recolectores que vive en el norte de Tanzania.

Los hadza duermen acostados en pellejos de animales o en telas extendidas en el suelo de las chozas de paja, y cada choza está ocupada por uno o dos adultos y varios niños. Cada campamento está compuesto por unos treinta adultos, aunque estos campamentos suelen estar más o menos cerca unos de otros.

Mientras estuvo allí, a Samson le sorprendió el hecho de que nadie se encargara de vigilar mientras el resto del campamento dormía, a pesar de los numerosos peligros que acechaban en la maleza. Pensó que a lo mejor no hacía falta si todos los individuos dormían al mismo tiempo, pues si había al menos uno despierto durante la noche, bastaba para dar la alarma. Para probar su hipótesis, Samson convenció a treinta y tres adultos para que durante veinte días llevaran en la muñeca sensores de movimiento que informarían de cuándo estaban dormidos y cuándo despiertos, y darían algunos detalles sobre la estructura de su sueño.

Samson esperaba que hubiera una franja horaria en la cual todos sin excepción estuvieran durmiendo, cosa rarísima incluso en estas pequeñas comunidades.

«Nuestro asombro fue mayúsculo —dice—. Debido a la variedad de edades de los campamentos (en los que viven juntos todos los miembros de la familia), la gente dormía siguiendo horarios muy variados, lo que quería decir que había una vigilancia casi constante[13].»

Samson cree que este fenómeno también podría explicar por qué los humanos somos tan longevos.

«Lo llamamos hipótesis del abuelo que duerme mal», dice. Anteriormente los investigadores habían sugerido que la razón de que tantas personas vivan hasta mucho después de la edad reproductiva se debía a que la presencia de los abuelos, que ayudaban a criar a los niños, era beneficiosa para la supervivencia del grupo. Ahora parece que hay otro beneficio: mantener la vigilancia.

La investigación de Samson tiene consecuencias para las personas con trastornos del sueño. Sugiere que las Suzanne Milne y los Mark Galvin de este mundo (además de los incontables ancianos que se despiertan cada día a las 4 o las 5 de la madrugada) son normales; incluso es posible que en tiempos pasados fueran miembros extremadamente valiosos de su grupo social.

---

13. David R. Samson y otros, «Chronotype variation drives nighttime sentinel-like behaviour in hunter-gatherers», *Proceedings of the Royal Society B*, 284 (1858), 12 de julio de 2017, doi: 10.1098/rspb.2017.0967.

2

La electricidad corporal

Hanna y Ben King viven en una casa grande y moderna, con cocina completa y cuarto de baño, camas cómodas y agua caliente. Si no fuera por la calesa de caballos que tienen en el garaje y por su extraño gusto para vestir, se nos podría perdonar por creer que estamos en la casa de una familia de clase media estadounidense normal y corriente. A no ser, claro está, que la visitemos después de la puesta del sol.

Como miembros de la Antigua Orden de los Amish, Hanna y Ben siguen el código de la *Ordnung*, palabra holandesa de Pensilvania que significa «orden y disciplina», y que describe cómo deben vivir. Una de las cosas que prohíbe es la electricidad. Esto no quiere decir que los amish sean enemigos de la electricidad en cuanto tal: se les permite utilizar pilas en las herramientas de los talleres y tener electrodomésticos prácticos como la máquina de coser de Hanna, con la que confecciona edredones tradicionales de retales y la ropa de la familia, todo con telas sencillas y sin botones, dado que estos se consideran demasiado «llamativos». Incluso tienen un panel solar para recargar las baterías de estos aparatos, así como un enorme frigorífico-congelador que funciona con gas.

Los hogares amish viven desconectados de la red eléctrica porque es una forma efectiva de mantener fuera el mundo moderno, el mundo «inglés». Si no se está conectado a la red, no hay televisión ni Internet; tampoco hay aparatos electrónicos como los teléfonos móviles, ya que temen que podrían pervertir y fracturar la comunidad, y conducir a una existencia con menor presencia de Dios.

También significa que de noche no hay luz eléctrica. Para iluminar la casa, la familia de Hanna utiliza una única lámpara de gas propano, grande y montada en un carrito, que va y viene entre la enorme cocina y la sala de estar. La lámpara tiene una pantalla de cristal esmerilado y un mono de juguete colgado, y da suficiente luz para que la familia cocine, cene, lea y se quede hablando cuando ya ha oscurecido fuera. En los últimos años, la familia también dispone de una linterna eléctrica led para ir al baño o entrar en otras partes oscuras de la casa, incluido el dormitorio. Antes de la linterna, utilizaban una vela o una lámpara de aceite. En cualquier caso, cuando el sol se pone, casi todos los hogares amish están mucho más oscuros que una casa normal estadounidense.

También hay otras diferencias. A los amish no se les permite conducir automóviles porque esto también podría fracturar la comunidad, así que caminan o se desplazan en macizos patinetes de tamaño adulto; o, para los viajes más largos, enganchan los caballos a una calesa y se desplazan en ella. Muchos hombres amish trabajan al aire libre (aproximadamente la mitad de los varones de treinta a cincuenta años se dedican a labores agrícolas), mientras que sus esposas suelen cuidar de los huertos. Además, en verano, la falta de aire acondicionado obliga a las familias a salir en busca de sombra cuando se ahogan dentro de las casas. El resultado es que un amish pasa por término medio mucho más tiempo al aire libre que sus contemporáneos que no son amish. Quien quiera saber cómo era la vida cuando teníamos una relación más directa con el sol, que observe a los amish.

* * *

Los primeros años del siglo XIX fueron un punto de inflexión en nuestra relación con la luz. Antes la gente vivía la noche a la vieja usanza, ya que la única fuente de luz interior, aparte del fuego, era la tenue y oscilante luz de las velas de sebo o de las lámparas de aceite de ballena, que no estaban al alcance de todos y por lo tanto se usaban con moderación. El ser humano ideó varias soluciones para combatir la oscuridad y reforzar estas débiles fuentes de luz: los fabricantes de encajes rodeaban las velas con bolitas llenas de agua para «aumentar» la luz; los mineros del norte de Inglaterra llevaban cubos de pescado podrido a las minas, ya que la débil luminiscencia que emitían los ayudaba a ver[14]. Sin embargo, trabajar con precisión en estas condiciones era complicado, sobre todo durante los meses de invierno, y el fuego un peligro constante, y no menos en las fábricas, donde se necesitaban miles de lámparas para ver bien. Además, las viejas velas y las lámparas de aceite eran hediondas y soltaban hollín, y las lámparas necesitaban un mantenimiento regular para que siguieran funcionando.

La introducción de la luz de gas fue el primer cambio importante. El combustible que quemaba esta iluminación era un producto secundario de la producción del carbón de coque, que era un combustible popular en casas y fábricas. Se obtenía calentando carbón en grandes hornos, que extraían los gases.

En 1802, la innovadora empresa Boulton and Watt (ingenieros y fabricantes) instaló luz de gas en su fundición «Soho» de Birmingham, donde construían locomotoras de vapor. Otras fábricas y siderurgias la imitaron, la duración del día se alargó y aparecieron los turnos de trabajo, que mejoraban la productividad, una medida muy práctica. La luz producida por las lámparas de gas era más brillante que las de las velas y el aceite, y mucho más barata.

En 1807 se colocaron las primeras farolas a gas en Pall Mall, la conocida calle de Londres; en 1820 había ya 40.000 farolas como estas en la capital, por no hablar de los centenares de miles de conductos subterráneos, los cincuenta gasómetros (grandes contenedores

---

14. Para tener más información sobre el desarrollo de la luz eléctrica, véase Jane Brox, *Brilliant*, Souvenir Press, Londres, 2011, un libro de amena lectura.

utilizados para almacenar el gas) y el ejército de faroleros contratados para ocuparse de las farolas municipales, que encendían con una pértiga en cuyo extremo había una lámpara de aceite.

Al crecer la popularidad de la luz de gas, las noches se transformaron, al menos en las ciudades que tenían conductos de gas. La expresión «vida nocturna» data de 1852; al amor de las noches iluminadas florecieron cafeterías y teatros, y ver escaparates se convirtió en un pasatiempo popular para las crecientes clases medias. Las farolas de gas también hacían más seguro recorrer las calles de noche, y se cree que los delitos disminuyeron gracias a ellas.

Robert Louis Stevenson escribió en 1878 un ensayo titulado «Apología de los lámparas de gas», y en él decía:

> Cuando el gas se derramó por primera vez por una ciudad, delineándola al atardecer a los ojos de los observadores pájaros, empezó una edad nueva para la vida y los placeres de sociedad, y empezó con todo el aparato que le correspondía [...] La humanidad, y el que la gente se reuniera o no para cenar, no estaba ya a merced de unas cuantas millas de neblina. La puesta de sol no dejaba ya desierto el paseo. Y el día se prolongó según el capricho de cada cual. Los ciudadanos tuvieron estrellas para su uso particular, estrellas obedientes y domesticadas[15].

Aún se pueden encontrar algunas de estas lámparas en zonas aisladas de grandes ciudades, como St. James's Park de Londres y Beacon Hill de Boston, Massachusetts. El cálido y titilante brillo que dan no se parece en nada a la feroz luz azul de las modernas farolas led.

---

15. Robert Louis Stevenson, *Virginibus Puerisque*, 1881. [El título original del ensayo es «A plea for gas lamps». Versión española tomada de RLS, *Ensayos*, Escélicer, Madrid, 1943, trad. de Eulalia Galvarriato, p. 181.]

Las ciudades de provincias, los pueblos y las granjas siguieron estando a oscuras hasta que se inventó el queroseno, en la década de 1850. La demanda de queroseno, que era petróleo destilado y refinado, contribuyó a que entráramos en la época del crudo. Una lámpara grande de queroseno daba tanta luz como entre cinco y catorce velas, y no tardó en ser el punto alrededor del cual se reunían las familias de provincias durante las noches de otoño e invierno. La gente ya no tenía que pasar la noche en la oscuridad; estas luces más baratas y brillantes permitían quedarse despierto hasta tarde leyendo, cosiendo o haciendo visitas. Sin embargo, esta luz era débil comparada con lo que no tardaría en verse.

La primera alusión a la electricidad se remonta a la antigua Grecia, donde, alrededor del año 585 a.C., el filósofo Tales de Mileto descubrió que si frotaba ámbar con un trozo de tela, el ámbar atraía objetos ligeros como las plumas de ave. Cerca de Bagdad se han descubierto antiguas baterías, consistentes en una jarra de arcilla llena de una sustancia ácida, como vinagre o vino, y un cilindro de cobre con una varilla de hierro dentro; se han fechado alrededor del año 200 a.C., aunque su finalidad sigue siendo un misterio: los arqueólogos han sugerido que podrían haberse utilizado para galvanizar, en acupuntura o para que, conectados a iconos religiosos, produjeran ligeras descargas o destellos si se tocaban.

Hasta principios del siglo XIX no se utilizó esta misteriosa fuerza para generar luz. En 1802, sir Humphry Davy descubrió que, pasando una corriente eléctrica por un filamento de platino, este brillaba durante unos momentos. Más tarde, en 1809, ensayó con la primera lámpara de arco voltaico, con dos barras de carbón entre las que pasaba una corriente eléctrica. El arco resultante era una luz blanquiazul muy brillante, mucho más brillante que la luz de gas. Las barras de carbón se ponían incandescentes, generando igualmente iluminación por sí mismas.

El problema era construir una batería más compacta y fiable, así como barras conductoras de más duración, ya que las de carbón se quemaban enseguida. El punto de inflexión llegó en 1820-1830, cuando el ayudante de Davy, Michael Faraday, descubrió que si se pasaba una corriente eléctrica por una barra de hierro, esta podía transformarse en un imán, y que si se movía un imán alrededor de una bobina de alambre se podía crear una corriente eléctrica. Había nacido el generador eléctrico.

Pero no todo el mundo era admirador de estas lámparas de arco voltaico. En su ensayo de 1878, Stevenson proseguía:

> En París [...] brilla ahora cada noche una especie de estrella urbana horrible, extraterrena, dañina para el ojo humano: ¡una lámpara de pesadilla! Luces como esta debieran iluminar solo asesinatos y crímenes públicos, o los pasillos de los manicomios, como un horror que realza otro horror. Mirarla solo una vez es sentirse enamorado del gas, que da una tibia irradiación doméstica, propia para agruparse a comer bajo ella[16].

Las lámparas de arco voltaico se consideraban demasiado intensas para iluminar las casas. Sin embargo, desde que Davy demostró que los filamentos de platino brillaban cuando los recorría una corriente eléctrica, otros trataban de encontrar la forma de mantener esta fuente de luz alternativa e «incandescente». El reto no solo era técnico: para ser de uso práctico en el hogar normal y corriente, la luz eléctrica tenía que costar menos y ser de manipulación sencilla.

En 1878, Thomas Edison recogió el testigo. Fue Edison quien dijo que «el genio es un 1 por ciento de inspiración y un 99 por ciento de transpiración». También se sabe que presumía de no necesitar más de tres horas de sueño por noche, aunque a menudo se le veía hacer la siesta. Como dijo un socio suyo: «Su capacidad para dormir

---

16. *Ibid.* [*Op. cit.*, p. 183.]

igualaba su capacidad para inventar. Podía dormirse en cualquier parte, a cualquier hora y recostado en cualquier cosa»[17].

No es de extrañar que solo durmiera tres horas por la noche. Actualmente, la Fundación Nacional de Estudios sobre el Sueño de Estados Unidos aconseja que los adultos de entre dieciocho y sesenta y cuatro años duerman de siete a nueve horas (de siete a ocho, los mayores de sesenta y cinco), y afirma que los individuos que duermen menos de seis horas (cinco en el caso de los mayores de sesenta y cinco) ponen en peligro su salud y su bienestar.

Parece lógico, pues, que el invento más famoso de Edison haya servido para socavar nuestra relación con el ciclo natural de luz/oscuridad, permitiéndonos trabajar y hacer vida social durante las veinticuatro horas del día. En 1879, Edison probó con éxito la primera lámpara de luz incandescente, y en última instancia fue el responsable de dar a las masas luz eléctrica barata.

Edison no consiguió esta hazaña solo: su «fábrica de inventos» de Menlo Park, en los alrededores de Nueva York, estaba atestada de herreros, electricistas y mecánicos. También tenía empleados a un matemático y un soplador de vidrio. Consistente en un globo de cristal en el que se había hecho el vacío e introducido un hilo de algodón carbonizado, la lámpara de Edison permitió por fin que las casas tuvieran luz pulsando un interruptor y sin que hiciera falta encender fuego. Estas lámparas eran tan seguras que se podía dejar a un niño solo en una habitación iluminada por ellas, y eran más baratas que las luces de queroseno o de gas.

En los 140 años posteriores al invento de Edison, la luz eléctrica se ha extendido por todos los rincones, transformando la forma en que vivimos. Y su brillo continúa aumentando: un reciente estudio de imágenes de satélite reveló que la superficie de la Tierra iluminada artificialmente aumentaba a razón de más de un dos por ciento al año.

---

17. Jim Horne, *Sleepfaring: a Journey through the Science of Sleep*, Oxford University Press, 2007.

Vistas desde el espacio, las telarañas y las nebulosas de luz podrían ser un reflejo de los cielos, pero desde el suelo de estas brillantes zonas iluminadas las estrellas reales son invisibles. Actualmente, dos tercios de los europeos y un 80 por ciento de los estadounidenses no pueden ver la Vía Láctea desde sus casas.

«Imagine que llega el día en que no podamos ver los campos ni las verdes colinas de Gales..., los bosques del Amazonas, las montañas de Nepal o los grandes ríos del mundo —dice Nicholas Campion, profesor británico de cosmología y cultura—. Pues eso es lo que hemos hecho y estamos haciendo con el cielo, empobreciendo nuestra vida en el empeño[18].»

La iluminación eléctrica ha traído sin duda muchos beneficios, pero tiene costes. La pérdida de nuestros cielos nocturnos es uno de ellos. La calidad de nuestro sueño podría ser otro.

* * *

Donald Pettit está en la torre de observación de la Estación Espacial Internacional, con el objetivo de la cámara preparado para enfocar la puesta de sol. Mientras vuela sobre los oscuros océanos de la Tierra, registra los brillantes relámpagos de las tormentas y la ondulante belleza de las auroras boreales. Pero el auténtico espectáculo de luz comienza cuando aparecen los continentes. Las salpicaduras y los regueros de luz brillan como un cuadro de Jackson Pollock con fluorescencia: puntos anaranjados que surgen de luces de vapor de sodio, manchas azul verdosas de las luces de mercurio y telarañas blanquiazules de las led más recientes.

Pettit ha pasado más de un año a bordo de la Estación Espacial Internacional, haciendo miles y miles de fotos de nuestro planeta[19].

---

18. Nicholas Campion, conversación con la autora. Para más detalles sobre esta idea, véase el prefacio de Campion a Ada Blair, *Sark in the Dark: Wellbeing and Community on the Dark Sky Island of Sark*, Sophia Centre Press, Bath, 2016, p. XVII.

19. https://www.scientificamerican.com/article/q-a-the-astronaut-who-captured-out-of-this-world-views-of-earth-slide-show1/.

Estas fotos se están recogiendo para el proyecto Cities at Night[20], cuya intención es documentar la extensión de la contaminación lumínica y cómo está cambiando debido a la imparable multiplicación de las farolas públicas de led.

Las luces urbanas dispersan fotones en direcciones no deseadas, incluido el espacio. Esta luz oscurece la visión de los conductores y causa estragos en la flora y la fauna. Hipnotizados por esta aparente luz diurna que se ve en el cielo nocturno, se perturban los ciclos vitales de los insectos, las aves migratorias desvían su curso y los árboles conservan las hojas más tiempo durante el otoño, lo que potencialmente reduce su vida[21]. Estos soles artificiales influyen incluso en la reproducción de las plantas; al perturbarse la conducta de los insectos polinizadores, estos olvidan sus encuentros cotidianos con las flores que se abren y cierran en momentos concretos[22].

Las luces artificiales también cobran un peaje a nuestro sueño. Un estudio de 2016 reveló que las personas que viven en zonas con elevados niveles de contaminación lumínica tienden a acostarse y a levantarse más tarde que las que viven en zonas más oscuras. También duermen menos y están más cansadas durante el día, y menos satisfechas de la calidad de su sueño[23].

Durante siglos hemos considerado el sueño como un estado pasivo y prescindible, y esta actitud sigue vigente en la actualidad: «No duermas más de lo que necesitas», aconsejaba Donald Trump en *Piensa como un multimillonario*, el libro que publicó en 2005[24]. Él asegura que duerme solo de tres a cuatro horas cada noche.

---

20. Para saber más sobre este proyecto, visiten la página http://citiesatnight.org/.

21. https://www.extension.purdue.edu/extmedia/fnr/fnr-faq-17.pdf.

22. https://www.nature.com/articles/nature23288.

23. https://www.ncbi.nlm.nih.gov/pmc/articles/PMC4863221/.

24. Donald J. Trump, *Think like a billionaire,* Ballantine Books, Nueva York, 2005, p. XVII. [Hay versión española: *Piensa como un multimillonario,* Aguilar, Madrid, 2007.]

Entre los científicos del sueño, sin embargo, hay un consenso cada vez más amplio en el sentido de que dormir lo suficiente es fundamental para nuestra capacidad de aprender, encontrar soluciones a problemas y regular nuestras emociones, así como para comprender a los demás. En efecto, nuestra forma de dormir podría haber sido una clave de nuestra supervivencia como especie[25]. La competencia emocional es lo que nos permite cooperar y construir sociedades prósperas, mientras que nuestra creatividad, junto con la habilidad para aprender y asimilar el conocimiento, está en la base de los logros tecnológicos. Todas estas cosas se basan en el sueño.

Los humanos duermen en ciclos de 90 minutos, que a su vez se dividen en períodos de sueño no-REM (NREM) y REM. La primera mitad de la noche está dominada por el sueño NREM (que a su vez se divide en NREM ligero y NREM profundo), mientras que en la segunda parte de la noche predomina el sueño REM, aunque ambos tipos de sueño aparecen en cada ciclo de 90 minutos.

La finalidad concreta del sueño sigue siendo un tema de intenso estudio, pero una función clave del sueño NREM parece que es eliminar conexiones innecesarias entre células cerebrales, mientras que se cree que el sueño REM fortalece esas conexiones.

En su libro *Por qué dormimos*, el neurocientífico Matthew Walker compara la interrelación entre estos dos estados del sueño con crear una escultura de arcilla: empezamos con un montón informe de materia prima, equivalente a la masa de viejos y nuevos recuerdos con la que tiene que trabajar el cerebro cada noche. Durante la primera mitad de la noche, el sueño NREM encuentra y elimina grandes cantidades de material superfluo, mientras que los breves períodos de sueño REM suavizan y moldean la configuración básica. Luego, durante la segunda mitad de la noche, el sueño REM trabaja para reforzar y

---

25. Para ver una descripción más detallada sobre cómo el sueño determinó nuestra evolución y sobre el papel que desempeña en la regulación de la memoria y las emociones, véase el libro de Matthew Walker, *Why We Sleep,* Allen Lane, London, 2017, pp. 72–77.

definir esos rasgos básicos, con solo una pequeña aportación de sueño NREM.

Mediante este proceso se esculpen y archivan nuestros recuerdos. El sueño, sobre todo el sueño NREM profundo que predomina durante la primera mitad de la noche, ayuda a consolidar recuerdos recién adquiridos, por lo que, si estamos estudiando para un examen, necesitamos esta clase de sueño para fijar los datos.

Unos breves e intensos episodios de sueño NREM ligero, llamados husos (que abundan durante la segunda mitad de la noche, interrumpiendo largos períodos de sueño REM), parecen estar implicados en transferir los recuerdos recientes a un depósito de almacenamiento a plazo más largo. Esto renueva nuestra capacidad de aprender y manipular nuevos conocimientos al día siguiente. Según envejecemos, experimentamos menos de estos husos, lo cual podría ayudar a explicar por qué nuestros recuerdos de cosas recientes tiende a deteriorarse. No solo archivamos datos por la noche, sino también habilidades físicas, como hacer malabarismos con pelotas o piruetas con la bici. Por lo tanto, dormir lo suficiente es muy importante para los deportistas, un tema al que volveremos en el capítulo 9.

¿Y qué pasa con el sueño REM? Es el estado que se asocia con soñar; estudios en animales sugieren que también podría ser el momento en que recreamos recuerdos acumulados durante el día. Al parecer, una de las funciones del sueño REM es poner a punto nuestras emociones. Si no dormimos lo bastante, somos más torpes a la hora de interpretar las expresiones faciales y el lenguaje corporal de otras personas, así que nuestra capacidad de empatizar y comunicar se resiente. También somos menos capaces de regular nuestras propias emociones. Cuando los investigadores privan selectivamente del sueño REM a adultos jóvenes y sanos, pero les permiten todo el sueño NREM que quieran, a los tres días algunos de ellos dan indicios de alteración mental, ven y oyen cosas que no están allí. También se vuelven paranoicos y ansiosos. Esto es preocupante en el contexto de los adolescentes trasnochadores que acortan su tiempo de sueño, porque tienen que levantarse pronto para ir a clase (ver capítulo 10): es su sueño REM el que más sufrirá.

El sueño REM también es responsable de cruzar recuerdos recientes con recuerdos antiguos almacenados en el cerebro. Durante el sueño REM es cuando se dan las intuiciones creativas y las conexiones abstractas, motivo por el que a menudo durmiendo se encuentra la solución de un problema.

Necesitamos todos estos tipos diferentes de sueño si queremos funcionar como individuos inteligentes y emocionalmente competentes. Y aunque es cierto que algunos individuos podrían necesitar menos horas de sueño que otros, nos estamos engañando si creemos que es sano dormir menos de seis horas al día. Cuando restringimos el tiempo de dormir, suele ser el sueño REM el que sufre más. Pero el sueño fracturado (cuando dormimos ligeramente y nos despertamos con frecuencia) también erosiona el sueño NREM que predomina al principio de la noche.

* * *

Admitiendo el impacto que la contaminación lumínica podría tener en nuestro sueño, la Asociación Médica Americana ha publicado recientemente una guía sobre farolas de led, que están reemplazando cada vez más a las viejas farolas basadas en el mercurio o el sodio. Aconsejaba a las comunidades no instalar farolas led de luz blanquiazul (se estima que tienen cinco veces más impacto sobre el sistema circadiano de las personas que las farolas antiguas) y que optaran por las de colores más cálidos; también sugerían que las farolas fueran de intensidad regulable y tuvieran pantallas alrededor para reducir la cantidad de luz que se dirige hacia arriba, a los dormitorios de las casas.

Algunas autoridades municipales están empezando a tomar nota. Nueva York y Montreal han modificado sus planes de instalación de farolas de luz blanquiazul para adoptar tonos más cálidos. En Saint Paul, Minnesota, se están probando farolas ajustables para permitir a las autoridades cambiar el color y la intensidad según la hora del día, el clima o el estado del tráfico.

Mientras tanto, en poblaciones como Moffat (Escocia), un antiguo punto de paso situado a 82 kilómetros al sur de Edimburgo, han puesto pantallas a las farolas para que dirijan la luz hacia abajo. Estas medidas han hecho que Moffat merezca el título de primera «población con cielo negro» de Europa.

Fui a Moffat para ver cómo era esta nueva iluminación. Mientras paseaba por el pueblo una fría noche de octubre, las farolas parecían puntos de luz y no proyectores deslumbrantes y, fuera de las calles principales, oscurecía muy rápidamente. En noches despejadas como aquella (que ya se sabe que son raras en el sur de Escocia), la Vía Láctea se ve como una magnífica cabellera canosa que cruza un cielo negro como la tinta.

Estas medidas son bienvenidas, pero no nos dicen nada sobre un tema más personal, como es nuestra forma de iluminar nuestras casas por dentro. Antes del invento de Edison, las luces más brillantes de nuestros hogares eran de gas, como las utilizadas por las familias amish, y antes de eso, los candiles y las velas. Pues bien, ¿qué impacto tiene la iluminación de interiores en nuestro sueño?

* * *

Llegué a casa de Hanna y Ben el viernes anterior al Día de los Caídos (30 de mayo). Iba con Sonia, otra «inglesa» (para los amish, todos los forasteros son «ingleses», aunque Sonia es estadounidense). Hija de un profesor de psiquiatría que realiza estudios médicos sobre esta comunidad, Sonia me había llevado en la gigantesca camioneta de su padre; era su primer viaje por carretera, ya que acaba de terminar el instituto. Por el camino recogimos a Hanna en un mercado rural cubierto, donde vende queso.

Aunque a los amish no se les permite conducir, pueden viajar en coche si quieren. Hanna se alegró al ver la camioneta, porque iba a hacerle el fin de semana más productivo. Sacó una lista de mercadillos caseros a los que esperaba ir la mañana siguiente.

«¿Quieren venir conmigo?»

Ir de compras a estos mercadillos, advirtió Hanna, significaba salir temprano, al menos desde nuestro punto de vista: ella se levanta todos los días a las cinco menos cuarto, sin despertador, tras haberse acostado a las nueve de la noche.

Hanna no es un caso raro entre los amish por levantarse antes del amanecer. Por lo general, los amish se acuestan y se despiertan unas dos horas antes que los estadounidenses con electricidad, lo que significa que su período de vigilia coincide más con el día solar.

Tras desayunar rápidamente unos emparedados de huevo frito, salimos de la casa y llegamos a las cinco y media al primer mercadillo, donde ya había estacionadas varias calesas negras. Un hombre de barba larga y con el habitual atuendo amish —sombrero de paja, camisa corriente y tirantes— ya está preparando una barbacoa, y el olor a humo y a pollo asado se mezcla con el dulce aroma de los postres. Las mujeres llevan vestido hasta los tobillos, delantal blanco y una toca blanca en la cabeza; se peinan con raya en medio y el pelo bien sujeto con horquillas; curiosean entre las mesas llenas de ropas de segunda mano y baratijas. Los amish suelen tener familias numerosas (en la de Hanna son seis, pero no es infrecuente que sean diez), así que hay montones de juguetes, ropa infantil, cochecitos y triciclos. Los sombreros negros de segunda mano masculinos cuestan 5 dólares, y hay a la venta muchas fiambreras de plástico.

Hasta cierto punto, estos madrugones deben de ser culturales: desde luego, hay amish que prefieren dormir hasta tarde. Es, por ejemplo, el caso de Katie Beiler, que dirige un imperio de fiambreras de plástico. Katie se levanta todas las mañanas a las cuatro y media, porque su marido sale de casa a las cinco, pero, si pudiera, se quedaría en la cama hasta las seis y media.

«No es que no pueda levantarme temprano, es que me encanta dormir hasta tarde», dice.

Aunque dormir hasta las seis y media no sea precisamente dormir hasta tarde, todo es relativo. Según estudios recientes, más de tres cuartas partes de los miembros de la Vieja Orden Amish son cronotipos «gallinas», mientras que entre la población estadounidense en general solo lo es entre el 10 al 15 por ciento[26].

Esta costumbre de irse a dormir pronto y levantarse antes del amanecer tiene una larga tradición. Se dice que los monjes budistas levantaban las manos hacia el sol matutino y, si distinguían las venas, era hora de levantarse. La misma pauta se encuentra en otras comunidades que viven sin electricidad. Por ejemplo, un estudio que analizaba el sueño entre los hadza de Tanzania, la tribu san de Namibia y los tsimanés de Bolivia, descubrió que ellos también se quedan despiertos durante varias horas después de la puesta de sol, pero se van a la cama relativamente pronto y se despiertan poco antes del amanecer, durmiendo una media de 7,7 horas por noche[27].

Estos estudios son de interés porque nos dan pistas sobre cómo nuestra relación alterada con la luz podría estar afectando a nuestro sueño. No solo se va a dormir antes que nosotros la gente que vive en sociedades preindustriales, sino que al parecer duerme mejor. Entre el 10 y el 30 por ciento de los habitantes de países occidentales padece insomnio crónico, mientras que solo el 1,5 por ciento de los hadza y el 2,5 por ciento de los san entrevistados dijo tener problemas regularmente para conciliar el sueño o seguir durmiendo. Ningún grupo tiene en su idioma una palabra equivalente a «insomnio».

El padre de Sonia, Teodor Postolache, y sus colegas han estudiado los niveles lumínicos en las casas de la Vieja Orden de los Amish. La cantidad de luz que incide sobre una superficie se llama iluminan-

---

26. Russell Foster y Leon Kreitzman, *Circadian Rhythms: A Very Short Introduction*, Oxford University Press, 2017, p. 17.

27. http://www.cell.com/current-biology/abstract/S0960-9822(15)01157-4.

cia y la medimos en lux. La luna llena en una noche despejada tiene de 0,1 a 0,3 lux, y más de 1 lux en los trópicos, aproximadamente lo mismo que una vela. En la mayoría de hogares amish, la iluminancia media durante la noche oscila alrededor de diez lux, al menos entre tres y cinco veces por debajo del nivel de luz de las casas con electricidad.

Los investigadores también han descubierto que la exposición a la luz diurna es mucho mayor en los amish que en la mayoría de los que vivimos en países occidentales, donde pasamos cerca de un 90 por ciento del tiempo en interiores.

Esto es importante porque la amplitud de los ritmos circadianos (la diferencia entre los picos y los valles de los diversos ritmos de nuestro cuerpo) se reduce si estamos expuestos a condiciones de luz más constantes entre el día y la noche. Ese «aplanamiento» del ritmo circadiano se ha asociado con un sueño más pobre, y se observa en muchas enfermedades, desde la depresión hasta la demencia (véase el capítulo 8, «Cura de luz»).

En verano, la población amish se expone a una iluminancia media de 4.000 lux al día, mientras que el británico medio recibe unos 587 lux. En invierno los amish reciben niveles más bajos de luz diurna, unos 1.500 lux, pero para los británicos que vivimos en interiores, la iluminancia media diurna es solo de 210 lux; en otras palabras, nuestras horas de vigilia son aproximadamente siete veces más oscuras que las de los Amish.

Claro que para nosotros no parece oscuro, ya que el sistema visual humano, por muy notable que sea, es un mal juez en lo referente a la iluminancia. La luz de nuestro lugar de trabajo puede parecernos suficientemente brillante, pero eso es porque nuestro sistema visual se ha adaptado al entorno, tal como sucede cuando apagamos la luz del dormitorio por la noche: al principio no vemos nada, pero no tardamos en distinguir con claridad casi todos los objetos.

La iluminancia de un despacho típico está entre los 100 y los 300 lux durante el día, mientras que incluso el día más oscuro del invierno es al menos diez veces más brillante en el exterior. En verano, cuando el sol está más alto en el cielo y no hay nubes, puede llegar a 100.000 lux.

En occidente pasamos el día con una luz equivalente a la de los crepúsculos y luego tenemos las luces encendidas hasta mucho después de la puesta del sol. Algunos incluso dormimos con una luz encendida, mientras que los habitantes de las ciudades a menudo tienen que lidiar con la contaminación lumínica de las farolas. Estamos muy lejos del ciclo diario de luz-oscuridad claramente definido en el que aparecieron los seres humanos.

Exponerse a niveles más altos de luz por la noche tiene varias consecuencias: retrasa nuestro reloj biológico e inhibe la melatonina, lo que significa que nos encontramos cansados más tarde; cuando el despertador nos despierta a la mañana siguiente, seguimos en modo sueño; y, en general, dormimos menos. También significa que el nadir diario del ánimo y la atención, que está biológicamente programado para que se dé poco antes del amanecer, cuando aún estamos dormidos, se produce cuando estamos ya despiertos.

Sin embargo, la preocupación por la luz de noche no solo se centra en el reloj circadiano y la inhibición de la melatonina. Las mismas células del ojo que responden a la luz y sincronizan nuestros ritmos circadianos también se proyectan a zonas del cerebro que controlan la atención. La luz brillante pone el cerebro en un estado más activo: nos despierta en un sentido muy literal. Un estudio reciente ha descubierto que recibir durante una hora una luz azul de baja intensidad estimula el tiempo de reacción (una medida de la atención) más que si hubiéramos consumido dos tazas de café. Cuando se administran juntas la cafeína y la luz, las reacciones son aún más rápidas. Esto sería interesante si recibiéramos luz brillante durante el día, pero por la noche podría minar aún más nuestra capacidad de dormir.

Esta podría ser una de las razones por las que exponernos a pantallas electrónicas antes de irnos a la cama es malo para nosotros. Otro estudio descubrió que, en comparación con leer libros impresos, la lectura de libros electrónicos prolonga el tiempo que se tarda en dormir, reduce la cantidad de sueño REM y hace que nos sintamos más cansados al día siguiente.

Ajustar el brillo de la luz del teléfono o la tableta (o instalar una aplicación que automáticamente filtre la luz azul después de la puesta de sol) puede ayudar. De todos modos, muchos investigadores del sueño abogan por dejar las pantallas 30 minutos antes de irse a la cama (lo ideal sería varias horas antes), porque incluso las fuentes de luz tenue que ayudan a cerrar los ojos pueden inhibir la melatonina y, por lo tanto, afectar al sueño.

La luz brillante también afecta a nuestro cuerpo de otras maneras: aumenta el ritmo cardíaco y la temperatura corporal básica, que normalmente están en el punto más bajo durante la noche, y aunque los cambios ocasionados por la exposición a la luz son relativamente pequeños y breves, se desconocen las consecuencias a largo plazo de aumentarla repetidamente por la noche.

* * *

Desde el descubrimiento de que esa luz, especialmente la luz azul, puede inhibir la melatonina y alterar el horario de nuestros relojes circadianos, se han encontrado indicios de que la exposición a la luz, incluso a niveles bajos, al atardecer y durante la primera parte de la noche podría afectar a la calidad del sueño. Aunque la luz no siempre es perjudicial: cada vez hay más indicios que sugieren que exponerse a la luz brillante durante el día puede ayudar a invalidar algunos de los efectos perniciosos de la luz por la noche, y además mejora de modo más directo nuestro estado de ánimo y nuestra atención.

Entonces, ¿qué pasaría si siguiéramos el ejemplo de los amish y volviéramos a una relación más tradicional con la luz?

Kenneth Wright, de la Universidad de Boulder, Colorado, hace tiempo que se siente atraído por la incidencia de nuestro moderno entorno iluminado en nuestro horario interno. En 2013 les pidió a ocho personas que acamparan en las Montañas Rocosas durante una semana de verano y midió la influencia que tenía en su sueño[28]. «Ir de acampada es una forma clara de apartarnos de este moderno entorno iluminado y recibir luz natural», dice.

Antes de la excursión, la hora media en que se iban a dormir los participantes era las 12.30 de la noche y se levantaban a las 8 de la mañana, pero al final del viaje los dos momentos se habían adelantado cerca de 1,2 horas. Esto ocurrió incluso entre las lechuzas trasnochadoras, que empezaron a parecerse más a las gallinas tras pasar una semana al aire libre. No es que durmieran más, al menos cuando el experimento tuvo lugar (en verano), pero su sueño estaba más en consonancia con el ciclo natural luz-oscuridad. Los participantes también empezaron a liberar melatonina unas dos horas antes, dado que prescindieron de la luz artificial de primera hora de la noche, y cuando despertaban, la producción de melatonina había concluido, mientras que cuando estaban en su casa proseguía durante varias horas después de despertar. Wright cree que esta resaca de melatonina podría contribuir a la sensación de adormecimiento de las mañanas.

Hace poco repitió el experimento en invierno[29]. Esta vez descubrió que, tras una semana viviendo en el exterior, los participantes se iban a dormir unas 2,5 horas antes de lo acostumbrado, aunque se levantaban más o menos a la misma hora, lo que significaba que dormían 2,3 horas más. «Creemos que es porque volvían antes a las tiendas para estar abrigados, con lo que había más probabilidades de que se echaran a dormir», dice Wright, que los acompañó en la excursión invernal. «Una noche hacía tanto frío que ni siquiera nos reunimos alrededor de la hoguera.»

Sin embargo, los amish también duermen en invierno cerca de una hora más que en verano. No está claro por qué se dan estas dife-

---

28. https://www.cell.com/current-biology/abstract/S0960-9822(13)00764-1.

29. http://www.cell.com/current-biology/fulltext/S0960-9822(16)31522-6.

rencias estacionales en el tiempo de dormir, ni si tiene consecuencias a las que no les hagamos caso, como sucede en la sociedad moderna.

* * *

Inspirada por los estudios y las observaciones de Wright en sociedades más tradicionales, decidí sufrir voluntariamente el síndrome de abstinencia de luz artificial por la noche y pasar más tiempo en el exterior durante el día. Me interesaba ver si esto aportaría beneficios a mi salud y mi bienestar.

En colaboración con los investigadores del sueño Derk-Jan Dijk y Nayantara Santhi, de la Universidad de Surrey, elaboré un protocolo para medir el efecto de estos cambios de exposición a la luz en mi estado de ánimo, mi atención y mi sueño. Sería algo así como el experimento de acampada de Wrigth, salvo que yo lo haría mientras trabajaba en un despacho y llevaba una atareada vida familiar en el centro de Bristol.

Antes del experimento, mi rutina nocturna era la típica de una británica: me iba a la cama a eso de las once y media o doce de la noche y cada mañana, a las 7.30, me despertaban mis hijos, que son como relojes humanos. Aunque, a diferencia de muchos conciudadanos, dormía profundamente (el adulto británico medio se acuesta a las once y cuarto, pero solo duerme seis horas y 35 minutos cada noche), a menudo me sentía floja por las mañanas y me habría gustado seguir durmiendo.

Además, a semejanza de las tres cuartas partes de los adultos británicos, tenía el desgraciado hábito de comprobar el teléfono móvil inmediatamente antes de acostarme, exponiéndome así a una dosis de luz azul que, como ya sabemos, inhibe la melatonina y atrasa el reloj magistral, dificultando potencialmente la llegada del sueño.

Estudios más completos realizados en entornos más controlados, como los laboratorios del sueño, habían sugerido que por cambiar las pautas de exposición a la luz podría tener sueño antes y estar más despejada por la mañana, pero esto no significaba que estos beneficios tuvieran que darse necesariamente en la vida real.

«Hemos realizado muchos experimentos en los que hemos recibido una cantidad de luz y hemos visto su influencia en el reloj —dice la cronobióloga Marijke Gordijn, de la Universidad de Groninga, en los Países Bajos—. Si queremos que esos descubrimientos ayuden a la gente, tenemos que saber que el efecto será el mismo cuando el entorno sea más variable.»

A pesar del aliciente que representa dormir mejor y tener más bienestar, me costó un poco convencer a mi familia de que se embarcara en un experimento así. Mi marido puso los ojos en blanco y mi hija de seis años solo cedió porque prometí que sería como ir de acampada (y porque la soborné con dulces de malvavisco).

Durante la primera semana hice todo lo posible por recibir el máximo de luz diurna: mover mi mesa junto a una amplia ventana orientada al sur, holgazanear en el parque después de clase, almorzar al aire libre y sustituir el ejercicio interior por algo parecido en el exterior. Otra semana apagamos las luces a las seis de la tarde, aunque esto significaba cocinar a oscuras (empecé el experimento en pleno invierno). Los ordenadores y teléfonos móviles estuvieron prohibidos por la noche, a menos que su uso fuera absolutamente necesario. Y en ese caso, solo si estaban en «modo nocturno», para reducir la cantidad de luz azul que emitían. Durante la tercera semana combiné ambas fórmulas, encendiendo las cosas brillantes por el día y apagándolas por la noche.

Para monitorizar mis reacciones, llevaba en la muñeca un aparato que captaba información sobre la recepción de luz, la actividad y el sueño. Rellenaba un diario y cuestionarios donde daba cuenta de mi estado de ánimo y mi agudeza mental, y realicé una serie de pruebas *online* para medir mi velocidad de reacción, mi atención y mi memoria. Por último, durante la última noche de cada semana, me sentaba a oscuras y escupía en un tubo de ensayo para averiguar cuándo empezaba a liberar melatonina, ese marcador del tiempo interno. Tal es la fascinante vida de los científicos.

Cocinar a la luz de las velas era un reto diario. En Nochevieja celebramos una fiesta con velas y servimos a nuestros amigos hamburguesas medio crudas; cortar zanahorias era un peligro sin paliativos. Empecé a preparar las comidas antes, lo cual me quitaba tiempo de trabajo, y comprobaba con miedo mis bolsillos para estar segura de que no había perdido la caja de cerillas. Mi promesa de evitar la luz artificial dificultaba también la vida social.

A pesar de los inconvenientes, reduje significativamente la cantidad de luz que recibía tras la puesta de sol, y esto dio lugar a hallazgos interesantes. Durante las «semanas oscuras», la iluminación media de mi casa entre las 6 de la tarde y la medianoche era de 0,5 lux, poco más que la luz de la luna. La luz de las velas servía para leer, escribir tarjetas de Navidad y tratar con los demás; y para que la preparación de la cena fuera más fácil, al final instalamos cerca de los fogones una bombilla de luz tenue que cambiaba de color.

Y cuando nos adaptamos, descubrimos que vivir sin luz artificial era un placer. Las velas hacían que las oscuras tardes invernales fueran más acogedoras y la conversación parecía fluir con más libertad. En lugar de encender la televisión, como de costumbre, nos dedicamos a actividades más sociales, como los juegos de mesa. Al ver nuestro entusiasmo por esta nueva forma de vida, los amigos empezaron a visitarnos de noche para experimentarla en persona; comentaban lo relajados que se sentían bajo aquella luz cálida y tenue. En Nochevieja, en lugar de ruidosas felicitaciones, nos sentamos a oscuras y jugamos a un juego alemán de mesa llamado «Sombras del bosque» (*Waldschattenspiel*), en el que los participantes adoptan el papel de enanos que se esconden a la sombra de árboles tridimensionales de cartón para no ser atrapados a la luz de una malévola candela. Otra compensación era que nuestros hijos parecían acostarse más fácilmente por la noche (aunque esto no lo cuantificamos).

Pasar más tiempo en el exterior en horas diurnas trajo otra revelación. Al principio era difícil pasar por alto la convicción de que, como era invierno, haría frío y fuera se estaría fatal. Pero recordé algo que solía decir un amigo sueco: no existe el mal tiempo, solo la ropa inadecuada. Y pronto me di cuenta de que en el exterior no se está tan mal como pueda parecer. Además, cuanto más lo hacía, más consideraba el tiempo que pasaba fuera como un regalo y no como una obligación.

Mi actitud hacia el invierno empezó a cambiar. Percibí la belleza de la escarcha en los escaramujos y la tranquilidad de un parque vacío en una brillante mañana de diciembre, con sus largas sombras y la luz del sol reflejada en los cristales helados de la hierba.

Una de aquellas mañanas tomé una taza de té en el parque, sentada en un banco helado, y me puse a organizar las faenas del día. Cuando saqué el aparato de medir la luz, vi que no se diferenciaba mucho del resultado que esperaría encontrar en un día nublado de verano. Al regresar a casa, volví a consultarlo en el centro de mi despacho: la intensidad de la luz era *600 veces más baja*.

Las empresas británicas tienen la obligación de proveer una iluminación segura y que no suponga un riesgo para la salud, pero actualmente no se tiene en cuenta el impacto potencial en nuestros sistemas circadianos. La Health and Safety Executive (Agencia de Salud y Seguridad) de Gran Bretaña recomienda una iluminancia media de 200 lux en la mayoría de oficinas, mientras que en trabajos que requieren menos percepción al detalle, incluidas muchas fábricas, la recomendación es solo de 100 lux[30]. Un reciente estudio descubrió que los adultos estadounidenses pasan más de la mitad de sus horas de vigilia con una luz aún más tenue que la mencionada, y solo una décima parte de su tiempo bajo un equivalente de la luz exterior.

Ahora bien, ¿hacer todo esto tuvo un impacto mesurable en mi sueño o mi funcionamiento mental? Experimenté una tendencia ge-

---

30. Para las fábricas de montaje de electrodomésticos y aparatos eléctricos, y otros centros que exijan la buena percepción de los detalles, la HSE recomienda una iluminancia media de 500 lux.

neral a acostarme más temprano. Pero, como era diciembre, los compromisos sociales me obligaban a veces a descuidar el sueño y a quedarme despierta hasta tarde; vivir de acuerdo con el reloj corporal no siempre es tan fácil como en los estudios de laboratorio. Posiblemente debido a esto, la cantidad de sueño que disfruté cada noche no varió significativamente entre las semanas normales y las del experimento.

Aun así, los análisis revelaron que, al igual que sucedió con los participantes en el estudio de la acampada de Wright, mi cuerpo empezaba a liberar la hormona de la oscuridad, la melatonina, entre hora y media y dos horas antes cuando apagaba la luz artificial o recibía más luz diurna. También me sentía más cansada poco antes de irme a dormir.

Cuando relacioné las medidas de mi sueño con la cantidad de luz natural que recibía durante el día, surgió otra constante de interés. Los días más luminosos me iba a la cama más temprano. Y por cada aumento de 100 lux en mi dosis diaria de luz natural, experimenté un aumento en la eficiencia del sueño de casi un 1 por ciento y conseguí 10 minutos más de sueño.

Esta pauta también se ha visto en estudios más amplios y mejor controlados que el mío. La General Services Administration (GSA) es la agencia de servicios más grande de Estados Unidos. Sus directivos quisieron saber si permitir más entrada de luz natural en sus edificios influiría en la salud de los que trabajaban en el interior. En colaboración con Mariana Figueiro, del Lighting Research Center de Troy, Nueva York, evaluaron el sueño y el estado de ánimo de los empleados de cuatro edificios, tres de los cuales se habían diseñado pensando en el aprovechamiento de la luz natural y uno no.

Al principio, los datos fueron descorazonadores. A pesar de los esfuerzos por aumentar la luz natural, muchos funcionarios de la GSA seguían sin recibir una cantidad apreciable: aunque cerca de las ventanas había buena iluminación, en cuanto te alejabas un metro, la luz natural prácticamente desaparecía. Los tabiques interiores y las persianas que bajaban algunos empleados reducía la cantidad que penetraba en las oficinas.

De todos modos, cuando Figueiro hizo comparaciones entre los empleados que recibían mucha luz suficientemente brillante o azul para activar el sistema circadiano durante el día (un importante estimulador circadiano) con los empleados que recibían un estímulo menor, descubrió que al primer grupo le costaba menos dormir de noche y dormía más tiempo. La exposición a la brillante luz matutina era especialmente potente: los que se exponían entre las 8 de la mañana y el mediodía tardaban una media de 18 minutos en quedarse dormidos por la noche, frente a los 45 minutos del grupo que se exponía menos a la luz; también dormían unos 20 minutos más y sufrían menos molestias durante el sueño. Estas asociaciones eran más notables en invierno, cuando la gente tenía menos probabilidades de recibir luz natural cuando iba al trabajo[31].

Gordijn, por su parte, ha evaluado recientemente el efecto de la luz natural en la estructura del sueño en un laboratorio altamente controlado. Los resultados obtenidos indican que la luz natural produce mayor cantidad de sueño profundo (necesario para estar despejados por la mañana) y un sueño menos fragmentado[32].

El sueño no es lo único que se ve afectado por la exposición a la luz natural. Durante las tres semanas de mi experimento me sentía más despierta al levantarme, sobre todo en las dos semanas en que recibí más luz diurna.

Un reciente estudio alemán sugiere que la exposición a la luz brillante de la mañana mejora la capacidad de reacción de las personas y las mantiene más eufóricas durante el día, incluso después de mitigarse la luz. También impide que sus relojes biológicos se atrasen cuando se exponen a la luz azul antes de irse a dormir.

---

31. http://www.sleephealthjournal.org/article/S2352-7218(17)30041-4/fulltext.

32. https://www.ncbi.nlm.nih.gov/pubmed/29040758.

Es una buena noticia porque sugiere que no sería necesario renunciar por completo a la luz eléctrica por las noches para dormir bien y rendir satisfactoriamente por el día. Cada vez hay más indicios que sugieren que solo con pasar más tiempo del día en el exterior, o con tener luz interior más brillante, podemos conseguir el mismo resultado. «Cuando decimos que los niños que miran iPads por la noche tienen problemas, nos referimos a que esta costumbre tiene efectos perjudiciales si los niños pasan las horas del día en una oscuridad biológica —afirma Dieter Kunz, que llevó a cabo esta investigación[33]—. Pero si reciben luz brillante durante el día, podría carecer de importancia.»

Podría incluso mejorar su rendimiento en la escuela, como descubrieron los profesores de una escuela de Hamburgo cuando participaron en un estudio sobre el impacto de diferentes clases de luz en el aula. Cuando los profesores encendían luces que imitaban la luz natural tanto por el color como por la intensidad, los alumnos cometían menos errores en una prueba de concentración, y su velocidad de lectura aumentaba el 35 por ciento[34]. Un estudio parecido con oficinistas reveló que la exposición a la luz azul durante las horas del día estimulaba la atención, la concentración, el rendimiento y el ánimo; los sujetos dijeron, además, que dormían mejor[35].

* * *

Hay otro motivo por el que los amish son una población interesante para estudiarla desde la perspectiva de la luz. Lancaster County, donde viven Hanna y Ben King, está más o menos en la misma latitud que Nueva York, Madrid y Pekín. Pero mientras que la incidencia del trastorno afectivo estacional (TAE) en Nueva York es del 4,7 por

33. https://www.ncbi.nlm.nih.gov/pubmed/28637029.

34. https://www.ncbi.nlm.nih.gov/pubmed/22001491.

35. http://www.sjweh.fi/show_abstract.php?abstract_id=1268.

ciento, los amish tienen el nivel más bajo registrado hasta ahora entre todas las poblaciones de raza blanca[36].

También tienen un porcentaje muy bajo de depresiones. Hasta cierto punto podría deberse a su cultura de la *Gelassenheit* («serenidad» en alemán), a la sumisión a la autoridad. Reconocer que nos sentimos mal podría interpretarse como ingratitud por lo que Dios nos ha dado, o una excesiva preocupación por nosotros mismos.

Sin embargo, también podría tener una relación directa con la luz. Como sus relojes biológicos están más en consonancia con el día solar, es probable que la noche biológica termine para casi todos ellos cuando se levantan; pues, aunque se levanten muy temprano, sus relojes magistrales ya han dado las órdenes que aumentan el ánimo y la atención durante el día. Y como van al trabajo a pie o en patinete, y normalmente pasan más tiempo en el exterior, la melatonina residual de su sistema que podría aletargarlos es inhibida por la luz brillante.

También podría haber otra razón. Esas células retinianas que responden a la luz y hablan con el reloj magistral del cerebro y con los centros de atención del cerebro también conectan con otras regiones que regulan el estado de ánimo. Se ha comprobado que recibir la luz brillante de la mañana es una buena estrategia para el tratamiento del TAE (y cada vez hay más indicios de que también es efectiva para las depresiones en general (ver capítulo 8). De igual forma, en el estudio llevado a cabo por la GSA entre los empleados expuestos a un estímulo circadiano más fuerte durante la mañana había un porcentaje menor de depresiones.

En otras palabras, despertarse temprano e ir al trabajo andando o en patinete y pasar gran parte del día en el exterior podría haber dotado a los amish de un antidepresivo natural.

Esto también coincide con el resultado de mi experimento. Poco después de despertar y poco antes de acostarme por la noche rellenaba un cuestionario que evaluaba lo bien o mal que me sentía. Este

---

36. http://www.sciencedirect.com/science/article/pii/S0165032712006982.

reveló que mi estado de ánimo por la mañana temprano era significativamente más optimista durante las semanas del experimento que el de las semanas normales. La somnolencia matutina había desaparecido: me sentía más enérgica y animada, y lista para empezar el día. Debido a esta experiencia, me he convertido en partidaria del ejercicio al aire libre, e incluso he llegado a desear ciertos aspectos del invierno, sobre todo los brillantes días helados y las espectaculares puestas de sol.

En conjunto, estos resultados subrayan la importancia de la luz natural. También tienen significativas consecuencias prácticas. Aunque pocos estamos preparados para pasar la noche a la luz de las velas hasta el fin de nuestra vida, pasar tiempo al aire libre durante el día podría ser algo que podríamos añadir a nuestra vida cotidiana.

3

Turnos de trabajo

Thomas Edison comentó una vez que «todo lo que reduce el total de nuestras horas de sueño aumenta el total de nuestra capacidad. En el fondo no hay ninguna razón para dormir»[37].

Aunque es cierto que trabajar veinticuatro horas los siete días de la semana es muy beneficioso para la sociedad (y disponer de luz artificial barata y brillante ha hecho más fácil conseguirlo), Edison estaba equivocado en este punto: quien no duerme, muere[38]. En algunos casos, los efectos tóxicos de la falta de sueño podrían tardar años en aparecer, pero también podrían incapacitarnos tan rápida y gravemente como para matarnos en el acto.

Se calcula que el 20 por ciento de los accidentes que se producen en las carreteras británicas está relacionado con el sueño, y según Brake, organización filantrópica británica que fomenta la seguridad en carretera, hay más probabilidades de morir o sufrir lesiones graves en estos accidentes que en otros. Pasar 19 horas seguidas sin dormir (por ejemplo, despertarse a las 7.30 y volver de una fiesta en coche a las

---

37. Citado en Arianna Huffington, *The sleep revolution: Transforming Your Life, One Night at a Time*, W. H. Allen, Londres, 2017.

38. La privación de sueño es decididamente mortal para las ratas. Si no duermen, mueren al cabo de unos quince días, más o menos lo que tardan en morir si no comen. Conforme se aproximan a la muerte, su temperatura corporal se desestabiliza, les aparecen heridas y llagas en la piel y los órganos internos, y todo su sistema inmunológico se viene abajo.

2.30 de la madrugada) sitúa la capacidad de atención al mismo nivel que si rebasamos los límites de alcohol permitidos en Inglaterra y Gales, aunque no hayamos probado una gota de alcohol[39]. Otro estudio ha revelado que quien conduce tras haber dormido cuatro o cinco horas corre cuatro veces más peligro de chocar que los conductores que han dormido las siete horas recomendadas[40].

Sin embargo, la privación del sueño envuelve firmemente con sus tentáculos todos los procesos fisiológicos. Afecta a nuestra estabilidad emocional, a la memoria y a la velocidad de reacción; a la coordinación entre la vista y las manos; y también sufren el razonamiento lógico y la vigilancia. Un sueño inadecuado crónico precede a la aparición de la enfermedad de Alzheimer, al cáncer y a varias enfermedades psíquicas; también se asocia con dolencias cardíacas, la obesidad y la diabetes. Afecta a la liberación de las hormonas reproductivas tanto en hombres como en mujeres, y puede reducir la fertilidad.

En parte, estos riesgos están relacionados con la ausencia del impacto restaurador del sueño (dicho con sencillez, las horas que conseguimos dormir o no dormir). Sin embargo, para cada una de estas dolencias y carencias se han establecido relaciones con la oscilación de los ritmos circadianos. Y no solo por sus efectos sobre el sueño.

En un estudio reciente[41], los investigadores compararon los efectos físicos de dormir cinco horas seguidas cada noche durante ocho días con dormir las mismas horas pero a intervalos irregulares. En ambos grupos, la sensibilidad de los sujetos a la insulina disminuyó y creció la inflamación sistémica, aumentando el riesgo de desarrollar diabetes tipo 2 y enfermedades cardíacas. Sin embargo, estos efectos fueron aún mayores en los que durmieron a intervalos irregulares (y

---

39. https://www.ncbi.nlm.nih.gov/pmc/articles/PMC1739867/.

40. *Acute Sleep Deprivation and Risk of Motor Vehicle Crash Involvement,* AAA Foundation for Traffic Safety, diciembre de 2016.

41. https://www.ncbi.nlm.nih.gov/pmc/articles/PMC4030107/.

cuyo ritmo circadiano quedó por lo tanto desfasado): en los varones se duplicó la reducción de la sensibilidad a la insulina y el aumento de la inflamación.

Algunos de los indicios más sólidos de los efectos dañinos de trastornar el ritmo circadiano proceden de estudios realizados con trabajadores sometidos a turnos. Se estima que las personas que trabajan en el turno de noche pierden entre una y cuatro horas de sueño cada día, lo que es preocupante si se considera la responsabilidad que pesa sobre algunos de estos trabajadores, si son médicos, enfermeras y pilotos. Pero también sufren perturbaciones de otros ritmos circadianos.

Las personas que trabajan de noche corren más peligro, pues somos pocos los que conseguimos mantener nuestro ritmo circadiano como es debido. La disponibilidad de luz brillante por la noche atrasa nuestros relojes biológicos y altera nuestra atención, animándonos a permanecer despiertos hasta tarde, aunque al día siguiente tengamos que ir a clase o a trabajar. El resultado es que muchos despertamos a una hora en que nuestros cuerpos deberían seguir durmiendo, y dejamos el fin de semana para dormir más y compensar así la pérdida de sueño, lo que cambia una vez más nuestra dosis de luz. Aunque parezca inocuo, el «cambio de horario social» causado por estas incongruencias es parecido al que se produciría si nos desplazáramos por varias zonas horarias cada semana. También es muy común: estudios realizados por Till Roenneberg, de la Universidad Ludwig Maximilian de Múnich, que inventó la expresión «cambio de horario social» y ha indagado el horario del sueño de más de 200.000 individuos de todo el mundo, han concluido que solo el 13 por ciento de las personas está libre del cambio de horario social; el 69 por ciento experimenta al menos una hora de cambio de horario social por semana, mientras que el resto sufre una alteración de dos o más horas[42].

---

42. Foster y Kreitzman, *Circadian Rhythms*, p. 19.

Esto es algo más que números: otro estudio reciente descubrió que por cada hora de cambio de horario social que experimenta una persona cada semana, su posibilidad de sufrir una dolencia cardiovascular aumenta el 11 por ciento, y tendrá peor humor y más cansancio. Añadir una hora de cambio de horario social a la semana también aumenta en un tercio la posibilidad de tener sobrepeso[43]. Así que no es de extrañar que aquellos que experimenten cambios de horario sociales fumen y beban demasiado.

En palabras de Roenneberg: «Cuanto más los experimentemos, más gordos, aturdidos, malhumorados y enfermos estaremos»[44].

Para entenderlo mejor y encontrar soluciones, he hablado con una persona que ha pasado casi toda su vida profesional aislada de la luz natural.

* * *

La vida en un submarino es muy estresante. La presión del agua que lo rodea es tremenda. Para reducir el riesgo de las filtraciones de agua, los marineros tienen que cruzar varias escotillas para llegar a las cabinas donde viven y eso consume mucho espacio. Por otra parte, el espacio es igualmente limitado a causa de todo el equipo que llevan los submarinos: un reactor nuclear para generar energía, máquinas para potabilizar el agua y purificar el aire, un arsenal de torpedos y todos los alimentos que la tripulación necesitará para sobrevivir durante meses sumergidos. Los tripulantes trabajan por turnos, así que siempre hay alguien durmiendo, lo que significa que la luz de la zona de las literas siempre es tenue. También es tenue en la zona de control para que el operador del periscopio pueda mantener la visión nocturna (se comenta que los antiguos piratas, que a menudo

---

43. Estudio de Sierra B. Forbush, de la Universidad de Arizona, presentado en el encuentro anual de las Associated Professional Sleep Societies, Boston, junio de 2017.

44. Till Roenneberg, en conversación con la autora.

atacaban de noche, llevaban un parche en el ojo para obtener el mismo resultado).

Es pequeño y oscuro y está abarrotado; y huele a humedad, a moho, a aire reciclado y gasóil; «olor a barco», así lo llaman los tripulantes de submarinos y sus colegas. Exceptuando al operador del periscopio, los cien y pico de hombres que se apiñan voluntariamente en este entorno implacable no suelen ver la luz del sol durante varios meses seguidos.

Si están en un sitio seguro del mundo, una de las cosas que más gustan a los tripulantes de los submarinos es «merendar en la playa de acero»: abrir la escotilla y permitir que la tripulación salga a nadar, a fumar y a hacer una barbacoa en cubierta. Desde la perspectiva del capitán, dar esa oportunidad gana muchas simpatías entre la tripulación.

«Son como niños pequeños emocionados por salir —dice el capitán Seth Burton, oficial de la Marina estadounidense—. Pero hay que ponerse gafas negras, porque esos hombres no han visto la luz del sol hace mucho tiempo, y están muy pálidos cuando salen vestidos solo con los bañadores[45].»

Los habituales conceptos de día y noche pierden su significado cuando se está en el mar: no hay luz solar y, como todos trabajan por turnos, no hay una sociedad «normal» a la que adaptarse. Pero el trabajo por turnos puede crear el caos en el sueño y en la salud al mismo tiempo.

Cuando Burton se alistó en la Marina, los submarinos estadounidenses operaban basándose en un «día» de 18 horas: los tripulantes estaban de guardia seis horas, estaban fuera de servicio otras seis durante las que hacían algo de ejercicio y de instrucción y luego tenían otras seis horas para dormir. En esencia, esto significaba que el día siguiente llegaba no cada 24 horas, sino cada 18. El cuerpo es incapaz de adaptarse a un horario así: empieza por desentenderse del ritmo

45. Seth Burton, en conversación con la autora.

interno de 24 horas, mientras que la hora de la comida y la de dormir llegan seis horas antes todos los días. A la falta de luz solar se añade el problema de recibir la luz brillante del comedor (a menudo poco antes de dormir), que el NSQ (el reloj magistral) entiende como un sustituto de la luz diurna.

En combinación con el estrés y el hecho de vivir tan cerca de otros hombres durante varios meses seguidos, el cambio de horario constante que esta rutina produce prácticamente imposibilita una noche de sueño decente. Durante sus primeros quince años de vida profesional, Burton asegura que normalmente dormía unas cuatro horas diarias. Estaba siempre agotado:

«Los turnos de servicio impedían dormir el número apropiado de horas y dormir regularmente. Despertabas cuando tendrías que haber estado durmiendo y te dormías cuando tenías que estar despierto».

El horario de trabajo de Burton era extremo, pero la desincronización circadiana que creaba es parecida a la que experimentaría cualquiera que fluctuara por costumbre entre turnos de día y noche o que realizara muchos viajes internacionales en su trabajo. Incluso quienes tienen los pies firmemente plantados en casa, pero que necesitan el despertador para ir a trabajar y luego duermen durante el fin de semana, pueden experimentar cierto grado de desviación circadiana (falta de coordinación entre la hora del entorno y la del reloj interno) con consecuencias para la salud.

Aunque los tripulantes de los submarinos están bien entrenados y conocen el valor de dormir bien, la privación de sueño se considera, a menudo, un factor concurrente cuando se producen colisiones u otros incidentes graves.

«Personas con mucho talento podrían tomar una mala decisión solo porque están agotadas», dice Burton.

A Burton se le declaró un cáncer agresivo en la pared torácica a los veintisiete años y echa la culpa al horario extremo, a la falta de sueño adecuado y a la tensión del entorno. Nunca se lo han confirmado, pero es posible: cada vez se encuentran más indicios que relacionan la descoordinación circadiana y el trabajo por turnos con el cáncer.

* * *

Según sondeos realizados en Europa y Norteamérica, entre el 15 y el 30 por ciento de la población empleada tiene alguna clase de trabajo por turnos, y el 19 por ciento de europeos trabaja al menos dos horas entre las 10 de la noche y las 5 de la madrugada. En el Reino Unido, el 12 por ciento de la población trabajadora (unos 3,2 millones) trabaja regularmente de noche, y en los últimos 5 años la cifra ha aumentado en 260.000 personas.

Aunque a algunos puede que les guste trabajar de noche, para la mayoría es una lucha continua. No es tan malo si siempre se hace el mismo turno y solo hay que bajar las persianas para dormir en cuanto termina el turno de noche. Pero casi todos estos trabajadores tienen niños que llevar a la escuela por la mañana, o amigos o parejas con los que les gusta pasar tiempo a la luz del día. Aunque no sea así, con solo unos minutos de luz matutina (que tal vez reciban cuando vuelven a casa) pueden contrarrestar y posponer la capacidad de su reloj interno para adaptarse al turno de noche.

Esta inadaptación circadiana se aprecia en más de dos tercios de las personas que trabajan de noche, lo que significa que están activas cuando su cuerpo cree que deberían estar durmiendo, ven luz brillante cuando el cuerpo cree que deberían estar a oscuras, comen cuando el sistema digestivo cree que deberían estar descansando, y encima se echan a dormir cuando el reloj interno está enviando señales de alerta para poner el cuerpo en modo diurno.

La adaptación a los turnos irregulares o rotatorios, en que la gente trabaja una o dos noches por semana, es especialmente difícil. No es que nuestro reloj interno no pueda adaptarse (recordemos que la luz de noche atrasa el reloj y la luz matutina lo adelanta), es que necesita tiempo. Normalmente, el reloj magistral del cerebro rectifica entre una y dos horas al día para adaptarse a un nuevo horario luz-oscuridad, o porque ha habido cambios entre turnos de día y noche o porque se ha pasado a una zona horaria diferente. Esto significa que, dependiendo de la magnitud del cambio, puede tardar varios días, incluso semanas, en adaptarse por completo. Para agravar el problema, los relojes «periféricos» de nuestros órganos y tejidos no se adaptan a la misma velocidad, y algunos pueden descontrolarse aún más; por ejemplo, comer cuando el cuerpo no lo espera, así que no solo se desfasan respecto del mundo exterior, sino también entre ellos.

Imaginemos una línea de producción de una pastelería: para conseguir un producto decente, los diferentes trabajadores tienen que seguir un orden establecido. Si dejan de estar coordinados, en lugar de tener un pastel, podríamos terminar con un montón de cerezas confitadas coronadas por un huevo frito.

Lo mismo ocurre con el cuerpo. Los procesos complejos, como el metabolismo de los lípidos o los carbohidratos de la dieta, requieren la coordinación de varios procesos, que tienen lugar en los intestinos, el hígado, el páncreas y el tejido muscular y adiposo. Los relojes circadianos permiten que estos órganos y tejidos predigan la llegada de la comida, para poder procesarla con la máxima eficacia posible. También permiten que los procesos químicos que tienen lugar en su interior se den en el orden debido y no todos a la vez. Si la conversación entre ellos se perturba, se vuelven menos eficientes, lo que podría resultar, por ejemplo, en que circulen cantidades peligrosamente altas de azúcar en la sangre. Si la perturbación prosigue, podría causar diabetes tipo 2, ya que el páncreas no produce suficiente insulina (la hormona que permite que la glucosa en sangre entre en las células y se utilice como combustible) y los niveles de glucosa aumentan aún más. Con el tiempo, el azúcar puede dañar los tejidos, además de los vasos sanguíneos o los nervios de los ojos y los pies. En los peores casos, el resultado puede ser la ceguera o la amputación de algún miembro.

Estudios epidemiológicos realizados en los últimos decenios han asociado los cambios frecuentes en el turno de trabajo con algunas consecuencias alarmantes para la salud. Los trabajadores de turnos tienen más probabilidades de engordar y sufrir diabetes tipo 2. Tienen mayor riesgo de sufrir dolencias cardíacas, úlceras de estómago y depresión. Estudios realizados con pilotos y tripulación aérea[46] han asociado los vuelos regulares largos con problemas de memoria y, a largo plazo, con un encogimiento significativo de zonas cerebrales asociadas con el pensamiento y el aprendizaje. Estudios en animales han mostrado que esos problemas cerebrales no son solo el resultado de la pérdida de sueño: el sistema circadiano descoordinado reducía la producción de neuronas, y se cree que precisamente este proceso de «neurogénesis» sustenta la formación de nuevos recuerdos en el curso de la vida[47].

Otro estudio reciente[48] descubrió que un único turno de noche alteraba en doce horas los ritmos circadianos de las sustancias químicas producidas en el aparato digestivo durante la digestión, lo que sugiere que los relojes de intestinos, hígado y páncreas habían sufrido un desajuste espectacular, aunque el reloj magistral del cerebro solo había cambiado en un par de horas. Dos de estos metabolitos, el triptófano y la quinurenina, suelen relacionarse con la insuficiencia renal crónica.

Trabajar de noche mucho tiempo también se asocia con el desarrollo de ciertos cánceres, sobre todo el de mama. La base teórica de esta relación fue comentada por primera vez en 1987 por Richard G. Stevens, en la actualidad investigador de la Universidad de Connecticut. Los investigadores hace tiempo que especulan sobre el motivo por el que el cáncer de mama es menos habitual en países pobres y aumenta en países industrializados. Al principio, Stevens y sus cole-

---

46. https://www.ncbi.nlm.nih.gov/pubmed/10704520.

47. https://journals.plos.org/plosone/article?id=10.1371/journal.pone.0015267.

48. http://www.pnas.org/content/115/30/7825.

gas epidemiólogos supusieron que la culpa era de los cambios en la dieta, pero como tras varios estudios prolongados no pudieron confirmarlo, llegaron a un punto muerto.

El «¡eureka!» de Stevens se produjo una noche en que se despertó y quedó sorprendido por la brillante luz de su apartamento.

«Me di cuenta de que podía leer el periódico con la luz que entraba por la ventana —dice—. Luego pensé: luz artificial, esa es una característica de la industrialización[49].»

Varios estudios con animales sugieren que la melatonina podría tener propiedades anticancerígenas. Aparte de su relación con el sistema circadiano, la melatonina también ayuda a limpiar especies reactivas de oxígeno, «radicales libres», que se generan en el metabolismo normal y pueden dañar el ADN y otros componentes celulares. Si se suprime la melatonina por exposición regular a luz brillante por la noche, parece probable que tengan lugar más mutaciones causantes del cáncer.

De hecho, Stevens cree ahora que el papel de la melatonina en el mantenimiento de los ritmos circadianos es de gran relevancia para el cáncer. La secreción de varias hormonas (incluidos los estrógenos, que impulsan el crecimiento de algunos tipos de cáncer de mama) fluctúa entre la noche y el día, y si se suprime la melatonina sus niveles podrían alterarse, lo que permitiría que los tumores crecieran con más rapidez. Además, estudios clínicos han sugerido que los niveles altos de melatonina son más bajos en mujeres con metástasis, si se comparan con las mujeres sanas, y los tumores grandes también se han asociado con bajos niveles de melatonina. Es más, las mujeres totalmente ciegas, cuya secreción de melatonina no resulta afectada por la exposición a la luz por la noche, parecen tener un porcentaje menor de cáncer de mama.

Sin embargo, hay más factores aparte de la melatonina, como revelan los estudios en ratones incapaces de producir esta hormona: al

---

49. Richard Stevens, conversación con la autora.

exponerlos a ciclos luz-oscuridad que imitan los turnos de trabajo desarrollan más tumores que los ratones normales. El reloj circadiano controla la respuesta corporal a los daños en el ADN, y si estos sistemas de vigilancia y reparación no están coordinados con el momento del día en que es más probable que se dañe el ADN, el resultado podría ser que no perciban las mutaciones causantes del cáncer y las dejen sin reparar.

Un decenio después de que Steven propusiera una relación entre el cáncer de mama y los turnos de trabajo, se publicaron varios estudios epidemiológicos que parecían corroborarla. El primero fue un largo estudio con mujeres noruegas que habían trabajado como operadoras de radio y telégrafos las décadas de 1920 y de 1980, la mayoría en barcos mercantes[50]. Al principio, los investigadores estaban interesados en el impacto de la radiación de las frecuencias de radio en su ADN; pero encontraron una asociación entre trabajar por turnos durante mucho tiempo y el cáncer de mama en la vejez.

Hubo más confirmaciones gracias a estudios sobre la salud de las enfermeras realizados en Estados Unidos, que están entre las principales investigaciones que se han hecho sobre los factores de riesgo para enfermedades crónicas en mujeres. También descubrieron una relación entre el trabajo por turnos y el cáncer de mama, así como el cáncer de colon y recto, y de endometrio, incluso después de controlar cosas como el peso corporal, la ingestión de alcohol y la cantidad de ejercicio. Otros estudios han relacionado el trabajo por turnos con un elevado riesgo de cánceres —especialmente el de próstata— en hombres. Y estudios con animales señalan que los tumores crecen más aprisa en ratones cuyo ritmo circadiano se ha alterado.

En 2007, la Agencia Internacional para la Investigación del Cáncer clasificó los turnos laborales que causan alteraciones circadianas como «probablemente cancerígeno para los humanos». Se llegó a esta

---

50. https://www.ncbi.nlm.nih.gov/pubmed/8740732.

opinión cuando veinticuatro científicos de diez países revisaron los indicios epidemiológicos disponibles, así como el resultado de numerosos estudios animales y celulares.

Aunque se advirtió que era provisional y que se necesitaba más investigación (sobre todo para identificar los turnos laborales más perjudiciales), llegaron a la conclusión de que los indicios de una relación plausible entre los ritmos circadianos alterados y el cáncer eran «convincentes».

Dos años después de la clasificación de la Agencia Internacional para la Investigación del Cáncer, el Gobierno danés comenzó a ofrecer compensaciones a las mujeres que desarrollaron cáncer de mama y habían trabajado por turnos. A pesar de todo, la relación entre los turnos laborales y el cáncer sigue siendo tema de polémica: Seth Burton nunca sabrá con seguridad si los responsables de su cáncer fueron aquellos años durante los que trabajó en días de 18 horas bajo la tenue luz de un submarino. Tras conocer el diagnóstico, Burton se sometió a una operación y se convirtió en un fanático de la salud, comió «toneladas de hierba de trigo» y renunció a la carne; también leyó mucho sobre ritmos circadianos y empezó a dar importancia al sueño. En junio de 2018, Burton celebró un excelente aniversario: llevaba 19 años sin cáncer.

A pesar de esta experiencia, dos años después de la operación volvió al fondo del mar y ahora tiene el mando de un submarino; mientras ascendía de graduación, se interesó cada vez más por el papel del sueño y los ritmos circadianos en el rendimiento de los tripulantes. En 2013, su submarino, el USS *Scranton*, probó un nuevo programa laboral basado en el ciclo de 24 horas durante una misión de siete meses y medio, para investigar si coordinando mejor el ritmo circadiano se mejoraban el sueño y la atención. Entre el personal que estudiaba a los tripulantes estaba Mariana Figueiro, directora del Lighting Research Center de Troy, Nueva York:

«Sus tiempos de reacción eran más rápidos, y la calidad de su sueño, mejor», dice.

Según Burton, los marineros también empezaron a tener otro aspecto físico: perdieron peso y tenían mejor tono muscular. Sospecha que es porque dormían más y, al sentirse mejor, hacían más ejercicio. Sin embargo, otro estudio sugiere que imponer una rutina regular en sus horas de comida, de sueño y otras actividades cotidianas habría podido repercutir igualmente en su salud, lo que incluiría la pérdida de peso.

* * *

El laboratorio del sueño del Hospital Brigham and Women de Boston tiene fama de ser de los mejores del mundo. Una de las primeras cosas que advertimos cuando nos dirigimos a él por un pasillo que sale del edificio principal es que vamos cuesta arriba: todo el suelo de la zona de investigación es más grueso y macizo que el del resto del hospital, y está separado del resto del complejo para que las vibraciones de la vida cotidiana no lleguen a los sujetos de la investigación y los ayude a identificar qué hora del día es. Ninguno de los receptáculos donde los sujetos pasan el día y la noche tiene ventanas al exterior, y para entrar hay que atravesar un doble juego de puertas para que no entre la luz del día. Los técnicos que atienden a los sujetos están entrenados para no decir «buenos días», o «buenas tardes», ni hablar del tiempo ni llevar gafas de sol: cualquier cosa que pueda dar una pista sobre la hora del día está prohibida. Durante los estudios de más larga duración (hasta ahora el más largo ha durado setenta y tres días), los sujetos pueden leer periódicos, pero se los dan desordenados y nunca del mismo día en que se publican. Incluso las cartas de amigos y familiares se inspeccionan previamente, y si es necesario se vuelven a redactar, para que no den pistas sobre el tiempo que ha transcurrido.

Uno de los problemas de los estudios epidemiológicos, como los que investigan la relación entre los turnos laborales y el cáncer, es que la vida real se interpone y es imposible controlar todos los factores que podrían influir en el resultado. Pero en el entorno altamente controlado de un laboratorio del sueño, muchos de estos factores pueden eliminarse. Un experimento llevado a cabo en el Hospital Brigham and Women es un protocolo de desajuste controlado de la sincronización, en el que se somete a los sujetos a días de 20 o 28 horas para desfasar deliberadamente el tiempo interno respecto del externo y así investigar los efectos de este desfase circadiano en su organismo. Estos estudios han confirmado que el sueño irregular y la reducción de la atención y el rendimiento mental son rasgos comunes del desajuste circadiano, pero lo que más interesa últimamente es el impacto en las funciones metabólicas y cardíacas.

Frank Scheer no pensaba ser cronobiólogo, pero mientras estudiaba biología quedó fascinado por el cerebro humano; luego se encontró con el reloj magistral del cerebro y su papel en la regulación del ciclo sueño-vigilia, y quedó atrapado. Como el NSQ está compuesto por un pequeño número de células, a Scheer le pareció que podía ser fácil de estudiar. Sin embargo, el descubrimiento de múltiples relojes dentro del cuerpo, cada uno generador de su propio ritmo y capaz de especializarse en cosas como la comida, ha convertido la investigación de Scheer en un plan mucho más complejo y vasto.

En 2009 empezó a investigar lo que haría una hormona llamada leptina, que indica a nuestro organismo que estamos saciados después de comer, si se alteraban los ritmos circadianos de la persona durante un desfase controlado. Al cabo de diez días, sus diez sujetos sanos se habían puesto tan mal que a tres de ellos les diagnosticaron prediabetes. Se volvieron menos sensibles a la insulina y sus niveles de azúcar en sangre aumentaron; también secretaban menos leptina, lo que les daba la sensación de no estar saciados después de comer. Además, su presión arterial aumentó en 3 mm Hg (3 milímetros de mercurio), suficiente para ser clínicamente significativo en personas con presión alta[51].

---

51. http://www.pnas.org/content/pnas/106/11/4453.full.pdf.

Sus hallazgos podrían ayudar a explicar por qué los hombres del capitán Burton perdían peso cuando dormían más tiempo y podían comer, dormir y hacer ejercicio a la misma hora cada día. También se ha demostrado que la privación del sueño altera el equilibrio de la leptina y de otra hormona, activadora del hambre, llamada ghrelina, lo cual ayuda a explicar por qué a menudo queremos comer más cuando estamos cansados y tendemos a desear comida poco sana, es decir, productos dulces, salados y con fécula.

Una creciente cantidad de indicios sugiere que desde el punto de vista de la salud en general, y para mantener un peso saludable, lo importante no es tanto lo que comemos como cuándo lo comemos. Y eso es aplicable a todo el mundo, ya trabaje en turnos o no.

* * *

Gerda Pot es una investigadora nutricionista que estudia los efectos a largo plazo de la absorción irregular de energía. Se inspiró en su abuela, Hammy Timmerman, que era muy rigurosa en cuestiones de horarios. Cada día desayunaba a las siete, almorzaba a las doce y media y cenaba a las seis. Era intransigente incluso con el horario de las meriendas y los tentempiés: café a las once y media, té a las tres de la tarde. Cuando Gerda fue a visitarla, pronto aprendió que quedarse dormida por la mañana era un error:

«Aunque me levantara a las 10 de la mañana, ella insistía en que desayunara y media hora más tarde tomábamos un café y una galleta», dice.

Gerda está cada vez más convencida de que seguir a rajatabla aquel rígido horario ayudó a Hammy a estar sana hasta que cumplió casi noventa y cinco años y le permitió vivir con independencia hasta el último, e incluso dominar el Skype para estar en contacto con Gerda cuando esta dejó los Países Bajos y se instaló en Londres. Con datos de una encuesta nacional que ha monitorizado la salud de más de 5.000 personas durante más de setenta años, Gerda descubrió que lo que marca la diferencia no es solo lo que come la gente, sino la cantidad y la coherencia de lo que ingiere en cada comida[52]: aunque, en general, consuman menos calorías, parece que las personas que comen irregularmente corren más peligro de desarrollar un síndrome metabólico: una serie de afecciones, como la presión arterial alta, niveles altos de azúcar, grasa excesiva en la cintura y niveles anormales de grasa y colesterol en sangre, que en conjunto aumenta el riesgo de padecer dolencias cardiovasculares y diabetes de tipo 2.

Pero también es importante el momento en que comemos. Ya hace tiempo que los científicos han notado diferencias en nuestra respuesta a las comidas en diversos momentos del día. Cuando mujeres obesas y con sobrepeso estuvieron tres meses a régimen para perder peso, las que consumían la mayor parte de las calorías en el desayuno perdían dos veces y media más peso que las que desayunaban ligero y luego ingerían la mayor parte de calorías en la cena, aunque en total consumían la misma cantidad de calorías[53].

Muchas personas creen que la razón de engordar más por cenar ya entrada la noche es porque se tienen menos oportunidades de quemar esas calorías, pero es una explicación simplista.

«La gente suele creer que nuestros cuerpos se apagan cuando duermen, pero no es cierto», dice Jonathan Johnston, de la Universidad de Surrey, que estudia cómo interacciona nuestro reloj interno con la comida[54].

La forma de metabolizar y procesar los alimentos varía a lo largo del día, cosa que tiene sentido.

«Si la comida llega a una hora regular cada día, el reloj metabólico estará sincronizado con el momento de comer y procesará la comida con la máxima eficiencia», añade Johnston.

---

52. https://www.ncbi.nlm.nih.gov/pubmed/26548599.

53. https://onlinelibrary.wiley.com/doi/abs/10.1002/oby.20460.

54. Jonathan Johnston, conversación con la autora.

Una de las cosas que varían a lo largo del día es la sensibilidad de los tejidos a la hormona insulina. La gente se vuelve más resistente a su efecto por la noche. La insulina induce a los tejidos a tomar la glucosa de la sangre, así que ingerir una comida copiosa a última hora del día podría hacer que circularan niveles más altos de glucosa. Con el tiempo, esto podría aumentar el peligro de desarrollar el síndrome metabólico y diabetes de tipo 2. Sin embargo, eso no es lo mismo que engordar. Si consumimos más calorías de las que utiliza el cuerpo, los tejidos terminarán por almacenarlas en forma de grasa, al margen de las variaciones diarias en la sensibilidad a la insulina.

También parece que se utiliza más energía para procesar una comida cuando se ingiere por la mañana que si se ingiere más tarde, así que se queman ligeramente más calorías cuando se come antes. Sin embargo, aún no está claro qué diferencia supondría esto para el peso total del cuerpo. De momento, el mensaje claro es que probablemente lo más sano sea desayunar como un rey, almorzar como un príncipe y cenar como un mendigo, pero todavía no sabemos bien por qué.

Así pues, el ritmo de nuestro reloj influye en nuestra respuesta a la comida, pero también funciona al revés: Johnston ha descubierto que el horario de las comidas también puede alterar el ritmo de los relojes, pero no el de todos. Los horarios irregulares cambian ciertos ritmos metabólicos sin cambiar el reloj magistral del cerebro[55]. Esto sugiere que la hora de comer puede reiniciar los relojes de los tejidos metabólicos humanos —quizás el hígado, la grasa y el músculo—, lo que significa que comer sin seguir un horario regular podría ser otra causa de desajuste circadiano.

Comer cantidades irregulares en horarios irregulares no solo afecta a nuestro metabolismo: nuestros ritmos circadianos están tan sutilmente equilibrados que alterar una zona podría tener consecuencias inesperadas en las demás. Cuando se alimentaba a los ratones por el día, cuando normalmente deberían estar durmiendo, los científicos

---

55. http://www.cell.com/current-biology/abstract/S0960–9822(17)30504–3.

descubrieron que sufrían más daños en la piel bajo la radiación ultravioleta que los que comían de noche. Los relojes de su piel se habían desajustado, lo que significaba que una enzima crucial reparadora del ADN se estaba sintetizando en un momento anormal[56].

Otros factores, como el ejercicio, podrían desacoplar los relojes si el horario es inesperado. Hacer ejercicios vigorosos, como correr, poco antes de ir a dormir, puede interferir en el sueño porque aumenta los niveles de adrenalina y cortisol, que a su vez aumentan la atención. Estudios con animales sugieren que hacer ejercicio a horas inesperadas, como cuando deberíamos estar durmiendo o preparándonos para ir a dormir, también altera el ritmo de los relojes de los músculos, el hígado y los pulmones, sin alterar el reloj magistral del cerebro.

El mensaje de estos estudios está claro: no hace falta volar regularmente entre zonas horarias, ni trabajar de noche, para que el reloj interno se desajuste y, potencialmente, se resienta la salud. La normalización de la agenda (lo que podría significar irse a la cama antes los días laborables, reducir la exposición a la luz del anochecer y salir más durante el día) podría tener beneficios tangibles en el aspecto y la vida interior. Y también podría aumentar las probabilidades de vivir hasta una avanzada edad, como Hammy Timmerman.

Encontrar una solución al problema de trabajar de noche es menos fácil. Insistir en que la gente deje de trabajar por la noche no tiene sentido. Necesitamos hospitales y centrales eléctricas que funcionen las veinticuatro horas; además, el trabajo nocturno y los viajes internacionales han supuesto grandes beneficios económicos. Incluso el laboratorio del sueño del Hospital Brigham and Women tiene turnos de empleados para poder monitorizar a los sujetos voluntarios las veinticuatro horas del día.

Sin embargo, algunos de estos descubrimientos sobre los horarios de las comidas podrían ser útiles. Algo que los trabajadores de los

---

56. https://www.sciencedaily.com/releases/2017/08/170815141712.htm.

turnos de noche pueden controlar es a qué hora comen, y si pueden mantener un horario regular durante el día y tratan de evitar la comida durante la noche, podrían evitar algunos de los desajustes metabólicos que estarían experimentando a causa de la alteración circadiana (por lo menos si solo trabajan un par de noches por semana). Esto es algo que actualmente está investigando Scheer.

Otra solución para el desajuste circadiano que genera el trabajo nocturno y absorber luz en el momento menos recomendable podría ser la propia luz artificial.

* * *

La central nuclear de Forsmark se alza en medio del llano paisaje forestal como un juego infantil de arquitectura: los tres grandes bloques grisáceos de Forsmark 1, 2 y 3 tienen una altura de 500 metros y están coronados por chimeneas de 400 metros. Vistos desde el mar, su color se parece tanto al de un día nublado (algo habitual en el centro de Suecia) que es fácil confundirlos con el cielo.

Lo que no se presta a confusión es la alarma que sonó en Forsmark la mañana del 28 de abril de 1986. La puso en marcha un empleado que se había olvidado algo en la sala de control y volvió para recogerlo. Pasó ante un detector de radiación, que identificó altos niveles de radiación en sus zapatos, desatando el temor de que hubiera ocurrido un accidente en la planta. Investigaciones posteriores revelaron que la radiación procedía del exterior, no del interior. Había viajado unos 1.100 kilómetros a través del mar Báltico, desde el pueblo ucraniano de Chernóbil.

Muchos accidentes famosos industriales han tenido lugar de noche. El desastre de Chernóbil ocurrió a la una y media de la madrugada; la alarma del accidente de la isla Three Mile de 1979 saltó a las 4 de la mañana, mientras que el vertido de petróleo del Exxon Valdez en 1989, frente a las costas de Alaska, tuvo lugar a medianoche. Los tres episodios estuvieron relacionados con errores cometidos por trabajadores del turno de noche, que indagaciones posteriores atribuyeron en parte a la somnolencia.

Nuestra atención y nuestra capacidad cognitiva varían a lo largo de las 24 horas, alcanzando el punto más bajo durante las primeras horas de la madrugada, más o menos cuando la temperatura de nuestro cuerpo es más baja. También comienzan a deteriorarse si nos quedamos despiertos demasiado tiempo, lo que es una mala noticia, si tenemos en cuenta que no es extraño que las personas que trabajan en turnos irregulares pasen más de 20 horas sin dormir, especialmente durante la primera noche del turno.

Cuanto más largo sea el turno de noche y más noches seguidas se trabaje, mayor es el riesgo. Echar una siesta antes o durante el turno podría ayudar, aunque, como suele tardarse un rato en despertar por completo, no es aconsejable en trabajos que exijan una reacción inmediata a un problema. Esto descarta la siesta en los tripulantes de un submarino, que deben ponerse en acción en cuestión de segundos. Tampoco es muy inteligente si estamos en la sala de control de Forsmark.

Trabajar en una central nuclear es monótono, aunque los jefes en Forsmark se esfuerzan por mitigar el aburrimiento potencial mediante el aprendizaje (hay muchos procedimientos que aprender) y cambiando la función de los trabajadores. Cada día hay una larga lista de inspecciones y pruebas que hacer. Solo en Forsmark 3 hay 3.000 salas, y en algunas solo se puede entrar con un traje a prueba de radiación, o verlas a través de una cámara de vigilancia. Y cuando se llega al final de la lista, es hora de volver a empezar.

Si se detecta un problema, hay que ser capaz de reaccionar con rapidez. Los operadores de la sala de control tienen instrucciones sobre qué hacer en caso de terremoto, inundación o accidente de avión, pero no pueden prever absolutamente todas las posibilidades. El accidente de la central Fukushima Daiichi en Japón (durante un maremoto, una ola de 15 metros inutilizó el suministro de energía, causando el enfriamiento de los tres reactores nucleares) es prueba de esto. Como dice Jan Hallkvist, jefe de operadores de Forsmark 3:

«La gente tiene que estar alerta y ser capaz de resolver problemas complejos con rapidez».

Los operadores de la sala de control de Forsmark trabajan en turnos rotatorios, con dos turnos de noche por semana. Mantenerse alerta dentro de la sala de control resulta aún más difícil por el hecho de que está profundamente enterrada en el corazón de la central nuclear, con metros de metal y cemento entre ella y el mundo exterior. El problema es especialmente grave durante los meses de invierno. Localizada más o menos en la misma latitud que las islas Shetland y Anchorage, los operadores de la sala de control de Forsmark apenas ven la luz del día desde noviembre hasta febrero, independientemente del turno en el que estén trabajando.

Para compensar la falta de ventanas, sobre la entrada de las salas de reuniones hay cuatro pinturas sobre las cuatro estaciones. Pero aparte de eso, la sala de control es un lugar gris y apagado, forrado de gigantescos tableros de circuitos con las conexiones de los reactores a la red que indican cuánta energía se está generando en todo momento.

Yo iba a compararla con una cueva, pero Hallkvist lo hace por mí:

«Teníamos que hacer algo con la luz», dice, acercándose a un panel de control de la pared.

Hallkvist, en su momento, se puso en contacto con el investigador de ritmos circadianos Arne Lowden, por el asunto de los turnos de sus trabajadores. Estaba buscando la forma de ayudar a la plantilla a adaptarse a los cambios de turno y a mantener su estado de atención, pero también mencionó la deprimente sala de control. Lowden le dijo:

«Si va a cambiar la luz, debería pensar en una iluminación circadiana».

Aunque el alto contenido en luz azul de las led normales altera los ritmos circadianos cuando la gente se expone a ellas de noche, estas luces también pueden recrear con cierto realismo el efecto de la luz del día en interiores. Como son pequeñas y de muy diferentes colores, las lámparas de led pueden combinarse para variar el matiz de la luz que producen y ajustar el color y la intensidad de un sistema de iluminación según la hora del día.

Con un gasto extra de dos mil euros, propuso Lowden, se podía instalar un «sistema de iluminación circadiana» capaz de emitir intensa luz azul para mejorar la alerta de los trabajadores en momentos clave, como al comienzo del turno de noche, y de pasar a un blanco más tenue y cálido al final del turno, preparándolos para dormir; de esta forma, el turno de noche sería más parecido a un turno de tarde/anochecer, y cuando los trabajadores llegaran a su casa, estarían preparados para dormir. De igual forma, la luz azul intensa podría ser un sustituto de la luz del sol para los que trabajan durante el día en el cavernoso interior de la sala de control, manteniéndolos en el mundo de 24 horas.

Hallkvist estaba suficientemente interesado para permitir que Lowden probara si esa iluminación mejoraba realmente la atención y el sueño de un grupo de trabajadores, además de ayudarlos a adaptarse mejor al trabajo en turnos rotatorios. La iluminancia de la sala de control había sido hasta entonces una débil luz amarilla de 200 lux, como en muchas oficinas. Las nuevas luces se colocaron encima de la mesa de los operadores del reactor y su tope era de 745 lux de intensa luz blanquiazulada. Los demás operadores trabajaban en mesas alejadas de las nuevas luces para poder funcionar como controles.

El experimento se realizó en invierno y los resultados[57] fueron suficientemente convincentes para que Hallkvist se aviniera a instalar el sistema de iluminación en toda la sala de control. El resultado más convincente fue la disminución de la somnolencia de los operadores tanto durante el día como durante la noche, pero especialmente durante el segundo turno de noche, que suele ser el más duro. Y esto ocurrió a pesar de que los operadores del reactor solo se expo-

57. https://www.ncbi.nlm.nih.gov/pubmed/22621361.

nían a la intensa luz blanquiazulada durante un par de horas al principio del turno de noche. Durante los turnos diurnos, la luz brillante estaba encendida de 8 de la mañana a 4 de la tarde, imitando la luz del exterior.

Sin embargo, no todo el mundo está convencido de que sea acertado que los trabajadores del turno de noche reciban una intensa luz azul. Aunque mejora su atención, también inhibe la liberación de melatonina y atrasa el ritmo de sus relojes.

«No es una solución fácil —dice Scheer—. Se corre el riesgo de empeorar las cosas al interferir con la exposición a la luz durante o después del turno de noche.» Señala el ejemplo de las gafas que bloquean la luz azul, que algunos promueven como medio de protegerse de la luz del sol cuando vuelven a casa: es cierto que esto hace más fácil dormir, pero si estás conduciendo, también aumenta el riesgo de accidente.

4

El doctor sol

Ion Meyer levanta suavemente el paño de tejido blanco que oculta el rostro femenino. Se advierte en el acto que le ha pasado algo terrible. La piel está llena de cicatrices y su aspecto es desigual, tiene el ojo izquierdo cerrado y la zona que lo rodea está roja e hinchada. Al inclinarme para mirar más de cerca, veo que le falta toda la carne del puente de la nariz, desde la aleta izquierda hasta la cuenca del ojo izquierdo; a través del párpado cerrado se distingue el cerco blanco del globo ocular. Una placa de bronce pone nombre al rostro:

MAREN LAURIDSEN
LUPUS VULGARIS
07.02.18

No estamos en el depósito de cadáveres del hospital, sino en un almacén de la parte trasera del Medical Museion de Copenhague, y el año no es 2018, sino un siglo antes.

Actualmente hay pocas personas familiarizadas con el lupus, o tuberculosis cutánea, pero hace cien años, cuando Maren recorría las calles de Copenhague, era una enfermedad especialmente temida. Causada por la misma bacteria responsable de la tuberculosis pulmonar, a menudo comienza en el centro de la cara con nódulos indoloros marrones que se extienden hacia el exterior, desarrollándose en úlceras que consumen vorazmente la carne (*lupus* quiere decir "lobo" en latín).

No había cura, así que los médicos resolvían detener el avance de la enfermedad quemando la carne infectada con hierros calientes o productos corrosivos como el arsénico. No es de extrañar que la gente viviera con terror a sufrirla. Una vez afectadas, las víctimas podían quedar aisladas de sus amistades, sus familiares y su comunidad, condenadas a enfrentarse solas a esta tortura.

Aunque Maren Lauridsen lleva mucho tiempo muerta, sobrevive esta huella de su rostro desfigurado. Meyer, que supervisa las colecciones del museo, tira de otro cajón y luego de otro; cada uno contiene más casos de carne horriblemente mutilada, inmortalizada en cera. Un rostro tiene el aspecto de haber estado sumergido en agua de mar durante varios días. Es imposible saber si es hombre o mujer. Otros cajones contienen fragmentos de rostros: una boca y una mandíbula reducidas a una fea papilla roja; una nariz picada y ampollada.

Las reproducciones se hicieron cubriendo de yeso el rostro de la víctima y luego echando cera en el molde y pintando el resultado final. Su función era documentar la extensión de las lesiones antes de aplicar un nuevo tratamiento revolucionario que esperaban que pudiera curar a los afectados. Ese tratamiento era la luz. Filtrada y concentrada por una serie de lentes de cristal y enfriada con un tubo lleno de agua, la radiación ultravioleta se enfocaba hacia el rostro de los pacientes y mataba las bacterias que se comían la carne y la desfiguraban.

El inventor de este tratamiento fue Niels Ryberg Finsen, al que se concedió el premio Nobel por su trabajo. Además despertó el interés por los aportes benéficos de la luz del sol, un área de investigación que sigue vigente. El trabajo de Finsen no tenía nada que ver con los ritmos circadianos, sino con el impacto directo de los rayos de sol sobre las bacterias y nuestra piel.

Finsen nació el 15 de diciembre de 1860 en las islas Feroe, un pequeño laberinto de montes de aspecto increíble y espectacular que asoma en el Atlántico Norte a unos 285 kilómetros al noroeste de las islas Shetland. Sacudidas por borrascas que suelen acumular nubes, lluvias y tormentas, los días soleados no debían de abundar en la infancia de Finsen. Quizá fue esto lo que lo impulsó a captar esa radiación solar y a concentrarla, haciéndola en el proceso suficientemente potente para curar.

Finsen llegó a Copenhague para estudiar medicina con 22 años y se encerró con sus libros en una habitación orientada al norte por la que nunca entraba el sol. Sufría de anemia y agotamiento, pero se dio cuenta de que su salud mejoraba si se exponía a la luz solar.

En realidad, Finsen estaba en las primeras fases de la enfermedad de Pick, una afección progresiva caracterizada por el metabolismo anormal de las grasas, que comienzan a acumularse en órganos internos como el hígado, el corazón y el bazo, y con el tiempo ponen en peligro su capacidad de funcionamiento. Mientras Finsen pasaba de un curso a otro en la facultad de Medicina, su convicción sobre los efectos de los rayos solares en la salud siguió aumentando. Recopiló descripciones sobre la conducta de las plantas y los animales heliófilos y advirtió que un gato tendido al sol cambiaba de posición a menudo para evitar que le diera la sombra[58].

Finsen se inspiró especialmente en un documento que descubrió en las Actas de la Royal Society de Londres (*Proceedings of the Royal Society of London*) de 1877. Escrito por dos científicos británicos, Arthur Downes y Thomas Blunt, describía un experimento que consistía en dejar probetas llenas de agua con azúcar en el alféizar de una ventana orientada al sureste. La mitad de los tubos se dejó al sol; la otra mitad se cubrió con una fina lámina de plomo. Al cabo de un mes, los investigadores vieron que el líquido de las probetas expuestas al sol seguía siendo transparente, mientras que el de las tapadas esta-

58. Para saber más sobre la fascinante historia de las «curas de sol» recomiendo encarecidamente el libro de Richard Hobday, *The Healing Sun: Sunlight and Bealth in the 21st Century*, Findhorn Press, Forres (Escocia), 1999.

ba turbio e infecto. Fue una de las primeras pruebas de que la luz solar podía matar las bacterias; poco después, el famoso bacteriólogo Robert Koch, que acababa de identificar la bacteria responsable de la tuberculosis, demostró que la luz del sol también podía matar ese microbio.

Pero estos científicos no fueron los primeros en interesarse por el poder curativo del sol en aquella época. En 1860, el año en que nació Finsen, la enfermera y reformista social británica Florence Nightingale publicó sus *Notas sobre enfermería*, que contenían una sección sobre la luz. Escribió: «En mis experiencias con enfermos he comprobado que, en todos los casos, sin excepción, la segunda necesidad después del aire fresco es la luz; y que lo que más les perjudica, después de una habitación cerrada, es una habitación oscura. Y que lo que necesitan no es solo luz, sino la luz directa del sol»[59].

Nightingale observó que, en las habitaciones del hospital que tenían ventanas, casi todos los pacientes estaban acostados con la cara vuelta hacia el sol, «exactamente igual que las plantas que siempre buscan la luz», aunque permanecer acostados sobre ese lado fuera incómodo o doloroso para ellos.

Hizo hincapié en que el sol matutino y de mediodía (cuando los pacientes estaban en la cama) era el más importante. «Podría sacárselos de la cama por la tarde y colocarlos frente a la ventana, para que vieran el sol —sugería—. Pero lo mejor, si fuera posible, es que les dé la luz del sol directamente desde que sale hasta que se pone.»

Aunque los babilonios, los griegos y los romanos de la antigüedad habían admitido las propiedades curativas del sol, la idea fue abandonada durante siglos. Ahora es en las ciudades sombrías del norte de Europa donde se ha redescubierto la luz del sol. En una época anterior a los antibióticos, la revelación de que la luz podía matar las

---

59. Florence Nightingale, *Notes on Nursing: What it is, and What it is not*, CreateSpace Independent Publishing Platform, 2015. [Hay versión española: *Notas sobre enfermería: qué es y qué no es*, Salvat, Barcelona, 1990, trad. de Josefina Castro.]

bacterias fue un importantísimo avance médico. Y fue Finsen quien ideó la primera aplicación práctica de este descubrimiento.

Tras licenciarse en la facultad de Medicina, Finsen encontró trabajo enseñando anatomía en el edifico que ahora aloja el Medical Museion de Copenhague. Su fascinación por la luz solar continuaba y comenzó a experimentar con aparatos que pudieran aprovecharla con más eficiencia. Las estanterías del almacén del museo se comban actualmente bajo el peso de las lentes de cristal y cuarzo que inventó Finsen durante sus primeras investigaciones sobre los efectos curativos de la luz. Incluso se convirtió él mismo en conejillo de Indias, para medir el tiempo de exposición al sol que se necesitaba para broncearse.

Como la luz solar era escasa en Dinamarca, Finsen colaboró además con Copenhagen Electric Light Works para inventar una luz artificial que pudiera utilizarse en ausencia del sol. Mientras trabajaba allí, conoció a un ingeniero llamado Niels Mogensen, cuyo rostro estaba cubierto de graves y dolorosas úlceras causadas por la tuberculosis. Mejoró notablemente tras cuatro días de tratamiento con la luz de Finsen.

De esta colaboración salió la Luz de Finsen: una estructura con tubos parecidos a telescopios y lentes que filtraban, condensaban y enfriaban los rayos de una lámpara de arco voltaico, y que podía utilizarse para tratar a varios pacientes a la vez. En 1896, Finsen fundó el Instituto Médico de la Luz, que permitía tratar a más pacientes aún, con resultados impresionantes: entre 1896 y 1901 se trató lumínicamente a 804 personas con tuberculosis cutánea, el 83 por ciento se curó y solo un 6 por ciento no experimentó ninguna mejoría.

A raíz de sus experimentos, Finsen llegó a la conclusión de que la luz que tenía efectos curativos era la que él llamaba «luz química», es decir, la radiación azul, violeta y ultravioleta. Al principio pensó que era porque la radiación mataba la bacteria que causaba la tuberculosis, pero experimentos más recientes han revelado que la Lámpara de Finsen concentraba la radiación UVB, que, al reaccionar con las llamadas porfirinas de las bacterias, producía las moléculas inestables llamadas especies de oxígeno reactivo, que eran las que mataban a las bacterias[60]. Más tarde Finsen propuso la hipótesis de que la luz estimulaba de alguna forma al cuerpo para que se curase por sí solo, lo que también podría ser cierto.

Finsen recibió el premio Nobel en 1903, pero su salud se había deteriorado hasta el punto de tener que estar en una silla de ruedas, y murió un año después, a los cuarenta y cuatro años.

A pesar de que explotó la luz eléctrica, su pasión por la luz solar siguió siendo inquebrantable, y a menudo animaba a los pacientes a que pasearan desnudos al sol. En una entrevista que concedió poco antes de su muerte, subrayó: «Todo lo que he conseguido con mis experimentos con la luz y todo lo que he aprendido sobre su valor terapéutico ha sido gracias a lo mucho que la he necesitado. Y a lo mucho que la he deseado»[61].

* * *

El siglo XIX fue una época de inmensos cambios. No solo se inventaron entonces nuevas formas de iluminación artificial; la Revolución Industrial atrajo además a multitud de personas a las ciudades en busca de trabajo en las fábricas y los talleres que estaban surgiendo. Algo parecido está ocurriendo actualmente en los países desarrollados, y la deficiencia de vitamina D —causada por la contaminación, la falta de sol y la ropa que cubre por completo la piel— es un problema creciente, incluso en países soleados de Oriente Próximo, África y partes de Asia.

La vitamina D es esencial para regular la cantidad de calcio y fósforo de nuestros huesos, dientes y músculos, y se necesita para mantenerlos fuertes y saludables. Aunque absorbamos algo de vita-

---

60. https://www.ncbi.nlm.nih.gov/pubmed/15888127.

61. Hobday, *The Healing Sun.*

mina D con la comida, sobre todo en el pescado azul, los huevos y el queso, la mayor parte de la que necesitamos la sintetizamos en la piel. Una sustancia llamada 7-dehidrocolesterol absorbe la radiación UVB del sol convirtiéndola en vitamina D_3, que circula por la sangre y es transformada en otras partes del cuerpo en la forma activa de vitamina D. En los niños en edad de crecimiento, la deficiencia de vitamina D es causa de raquitismo, que se caracteriza por tener huesos blandos y débiles, atrofia del crecimiento y deformidades en el esqueleto; en adultos hace que los huesos se debiliten, produciendo dolor de huesos, fracturas y debilidad muscular.

A mediados del siglo XIX, el raquitismo se extendía por toda la Inglaterra urbana y en otros países que se habían industrializado rápidamente. Un estudio de la British Medical Association realizado en la década de 1880 resaltó el carácter urbano del problema: el raquitismo estaba prácticamente ausente en localidades pequeñas y en las zonas agrícolas. Gran parte de la población que emigró en masa a las ciudades vivía apiñada y a oscuras, y el humo del carbón de las nuevas industrias, por no mencionar la producción de gas para la iluminación, arrojaban una gruesa capa de humo que oscurecía la luz del sol y no invitaba a estar en la calle. Los niños jugaban en estrechos callejones flanqueados por altos edificios que impedían aún más el paso de la luz solar. Si añadíamos a esto una nutrición deficiente debida a la pobreza, el resultado era una legión de esqueletos curvados y deformes.

Se elaboraron varias teorías para explicar la causa del raquitismo. Jon Snow, más conocido por sus investigaciones detectivescas sobre el origen del cólera, que lo condujeron hasta una bomba de agua del Soho de Londres, creía que el culpable era el pan adulterado con sulfato de aluminio: este podría interferir en la absorción del fósforo, necesario para mineralizar y fortalecer el esqueleto, según él. Otros señalaron la contaminación del aire.

A finales de la década de 1880 un misionero inglés llamado Theobald Palm sugirió que la causa era la deficiencia de luz solar. Acababa de regresar a Cumberland, en el norte de Inglaterra, para practicar la medicina después de haber pasado diez años en Japón, y quedó atónito al ver el contraste: de repente se encontraba con niños deformes, algo que no había visto nunca en ultramar.

Tras consultar con otros misioneros que practicaban o habían practicado la medicina en China, Ceilán, la India, Mongolia y Marruecos, Palm se convenció de que el raquitismo era una enfermedad de cielos grises y callejones oscuros. Sugirió que la solución podía ser el «uso sistemático de baños de sol»[62].

Sumadas a las observaciones de Downes y Blunt sobre los efectos bactericidas de la luz solar y al éxito de Finsen en el tratamiento lumínico de la tuberculosis, las ideas de Palm catapultaron la renovada valoración del sol. Había empezado con las heridas infectadas, la tuberculosis y el raquitismo, pero durante los cuarenta años siguientes, las «curas de sol» se convirtieron en un puntal de los tratamientos médicos. Era como si la luz solar o, más concretamente, la radiación ultravioleta mejorase la salud en general. Estar al sol también hacía que la gente se sintiera bien y, de manera creciente, la sociedad llegó a la conclusión de que también mejoraba el aspecto.

* * *

En 1903, el año en que Finsen recibió el premio Nobel, un médico suizo llamado Auguste Rollier se negaba a seguir ejerciendo la medicina convencional, a raíz del suicidio de un buen amigo aquejado de tuberculosis ósea. Además de infectar la piel y los riñones, la tuberculosis también puede infectar los huesos y las articulaciones, causando deformaciones en la columna vertebral que obligan a andar encorvado o una degeneración de la cadera que obliga a cojear. El amigo de Rollier había padecido este último problema. Cuando todavía iba a la

62. https://www.ncbi.nlm.nih.gov/pmc/articles/PMC3277100/.

escuela le habían cambiado parte de las articulaciones de la rodilla y la cadera, pero esto no había detenido el avance de la enfermedad. Ya de adulto se sometió a otras operaciones que lo dejaron mutilado y, finalmente, se quitó la vida.

Poco después, la novia de Rollier contrajo tuberculosis pulmonar. Presa quizá de la desesperación, recurrió a un remedio popular que le habían explicado sus pacientes: viajar a montañas altas y tomar baños de sol. En 1903 aceptó un empleo en un consultorio rural de Leysin, en los Alpes suizos, y la pareja se mudó a esta soleada villa, que contaba con una vista espectacular de los Dents Du Midi, unos picachos que tienen forma de colmillos. Allí fue donde Rollier comenzó a idear un tratamiento alternativo para la tuberculosis.

«A 1.500 metros de altitud —escribió en *Helioterapia*, libro que publicó en 1927— el calor nunca es agobiante, ni siquiera en pleno verano; y aunque en invierno haga mucho frío, el brillo del sol compensa con creces esta circunstancia.»

En las terrazas cubiertas, «pacientes debilitados que sufren» se echan al sol en ropa interior, «en condiciones que transmiten a sus cuerpos medios más efectivos de autodefensa de lo que sería posible en terreno llano. Los enfermos recuperan la energía vital perdida por medio del sol y el aire alpino»[63].

No era tomar el sol tal como lo vemos ahora, cuando las masas sedientas de sol que bajan de climas septentrionales se tienden en las arenas mediterráneas y pasan semanas cociéndose a fuego lento. Rollier abogaba por la exposición lenta y progresiva a los rayos solares, comenzando por cinco minutos en los pies, una dosis que aumentaba gradualmente durante las tres semanas siguientes hasta que todos los pacientes tomaban baños de sol entre dos y tres horas diarias durante el verano, y de tres a cuatro horas en invierno. Convencido de que la

---

63. Citado en Joseph Mercola, *Dark Deception: Discover the Truths about the Benefits of Sunlight Exposure,* Thomas Nelson, Nashville (Tennessee), 2008.

combinación de aire caliente y sol era malo para la salud, prohibió a los pacientes que tomaran el sol al mediodía en verano, prefiriendo las primeras horas de la mañana.

La novia de Rollier se recuperó y pronto muchos pacientes empezaron a recobrar la salud bajo su supervisión. Fotos del antes y el después documentaron la increíble transformación de columnas vertebrales torcidas y deformadas que volvían a tener la curvatura normal al cabo de dieciocho meses de tratamiento solar. En otras fotos se veía a hombres en ropa interior acostados delante de enormes ventanas soleadas y a jóvenes que saludaban desde la cama en soleadas terrazas exteriores.

Es improbable que la radiación ultravioleta estuviera matando directamente las bacterias causantes de la enfermedad en estos casos de tuberculosis «interna», tal como ocurría en los casos de tuberculosis cutánea. Tampoco este efecto bactericida del sol explicaba su papel en la prevención del raquitismo.

El gran hallazgo se produjo en 1925, cuando un médico estadounidense llamado Alfred Hess descubrió que alimentar ratas raquíticas con la piel de humanos o terneros que habían recibido radiación ultravioleta les curaba el raquitismo[64]. El factor misterioso curativo que contenía fue finalmente descrito como vitamina D.

Ahora sabemos que si el tratamiento solar de Rollier fue tan efectivo con formas internas de tuberculosis se debió a que la vitamina D fabrica elementos que pasan a ser la primera línea de defensa corporal contra los invasores bacterianos. Cuando células inmunológicas como los macrófagos —que detectan, devoran y destruyen cuerpos extraños, incluidas las bacterias— encuentran un invasor, empiezan a convertir la forma inactiva de la vitamina D en su forma activa, y producen receptores que les permitan responder a ella. Como resultado, liberan un péptido antimicrobiano llamado catelicidina, que ayuda a destruir a los invasores. Se cree que ese mismo

64. http://www.jbc.org/content/64/1/181.full.pdf.

proceso reduce nuestra susceptibilidad a otras infecciones de pecho, además de la tuberculosis[65].

A finales de la década de 1920 y principios de la siguiente, la luz solar se promocionaba como una cura para casi todas las enfermedades que había bajo el sol. El divulgador médico Victor Dane concluía *The sunlight cure* (1929) diciendo: «Si desea tener una idea general del poder del sol y conocer los nombres de las dolencias que puede curar, compre un diccionario médico y memorice los nombres de todas las enfermedades que encuentre. El sol es el gran curandero, un auténtico "elixir de la vida"»[66]. La luz solar había entrado en la cultura general, y tomar el sol se puso de moda en todas partes.

Sin embargo, no todo el mundo aceptó la idea de que la luz solar fuese una cura para todo. Un artículo aparecido en *The Lancet* en 1923 decía que «los resultados sobre la tuberculosis pulmonar han sido, en muchas ocasiones, decepcionantes y han hecho olvidar el tratamiento a muchos médicos, e incluso han condenado algunos como formas de terapia peligrosas e injustificables»[67]. En algunos casos, los baños de sol sin supervisión tenían como resultado un aumento de la fiebre, el empeoramiento de la tos y la expectoración de sangre.

Algunos fueron aún más allá en sus críticas. En su libro *Nothing new under the sun* (1947), el distinguido cirujano británico John Lockhart-Mummery descartaba los baños de sol diciendo que eran «seudomagia», añadiendo que «casi todas las mejorías que experimentan los pacientes de semejante tratamiento se deben a su fe en los resultados mágicos y no a efectos directos»[68].

---

65. Según Paul Jarrett y Robert Scragg, «A short history of phototherapy, vitamin D and skin disease», *Photochemical & Photobiological Sciences,* vol. 3, 2017.

66. Victor Dane, *The Sunlight Cure: How to Use the Ultraviolet Rays,* Athletic Publications, Londres, 1929.

67. Citado en Jarrett y Scragg, «A short history of phototherapy, vitamin D and skin disease», 2017.

68. Citado en Hobday, *The Healing Sun.*

De todos modos, la popularidad de los rayos solares como panacea ya empezaba a desvanecerse por entonces (aunque la moda del bronceado que contribuyó a su promoción siguió vigente durante decenios). El descubrimiento de los antibióticos dejó obsoleta la helioterapia en el tratamiento de las enfermedades infecciosas, y conforme se despejaba el humo de las ciudades y se descubría que el aceite de hígado de bacalao era un alimento rico en vitamina D y se administraba rutinariamente a los niños, la amenaza del raquitismo disminuyó. Actualmente aún se utiliza la fototerapia, pero ha quedado confinada a ciertas dolencias cutáneas, como la psoriasis, el eczema atópico y otras dermatitis.

A pesar de todo, como en nuestra época crece el temor a la resistencia a los antibióticos, hay un renovado interés por aprovechar los efectos bactericidas de la luz. En muchos hospitales hay aparatos que utilizan un estrecho espectro de luz añil bactericida para desinfectar superficies y limpiar el aire. También existe un subtipo de luz ultravioleta, llamado UVC, que no traspasa la piel humana ni la córnea del ojo pero elimina las células bacterianas, que son más pequeñas. Un reciente estudio publicado en *The Lancet* reveló que las máquinas de UVC impedían en un treinta por ciento la transmisión de cuatro bichos resistentes a los medicamentos: los MRSA (estafilococos áureos resistentes a la meticilina), los enterococos resistentes a la vancomicina, el *clostridium difficile* y la *acinetobacter*[69]. A diferencia de los antibióticos, que atacan sistemas celulares específicos, la luz destruye los ácidos nucleicos que forman el ADN, impidiendo así que las bacterias se reproduzcan o realicen funciones celulares vitales.

Estos aspectos mortales de los rayos UV no son lo único que ha renovado el interés por los rayos solares. La gente los pide a gritos en nuestras bulliciosas ciudades del siglo XXI. Y aunque se pueden usar suplementos de vitamina D para contener el raquitismo y los antibióticos para luchar contra infecciones pertinaces, hay otras razones para que necesitemos más que nunca los rayos solares.

---

69. https://www.thelancet.com/journals/lancet/article/PIIS0140–6736(16)31588–4/fulltext.

* * *

Nueva York, la ciudad que nunca duerme, está a menos de tres horas en coche de la Pensilvania rural, concretamente de la casa donde viven Hanna y Ben. Volver en la camioneta del padre de Sonia, tras nuestra estancia con los amish, fue como transportarnos a un universo paralelo. Las persianas de mi habitación de Airbnb en Manhattan Sur estaban rotas, pero la luz apenas influyó en mi sueño, ya que el ruido constante de la ciudad me mantuvo despierta: los noctámbulos de la primera parte de la noche, los ruidos de los camiones de la basura y el creciente zumbido de coches y peatones cuando empezaba la jornada laboral.

Nueva York es una de las zonas más densamente pobladas del mundo, y de sus cinco distritos Manhattan es el que supera todas las cotas, aunque su población ha disminuido desde principios del siglo xx, cuando familias enteras se apiñaban en diminutos apartamentos del Lower East Side y era normal no ver el sol.

Fue tal la demanda de terrenos para construir que muchos empresarios trataron de maximizar el espacio que tenían construyendo hacia arriba. La relación entre la luz del sol y las enfermedades como tuberculosis y raquitismo se había filtrado ya en la conciencia pública y la gente hablaba de un «derecho a la luz», semejante al «derecho a la luz» de la ley inglesa contemporánea, basada en la ley de Ancient Lights, motivada por el sencillo deseo de tener suficiente luz para poder ver en la propia casa. En el Reino Unido, esta ley permite a los propietarios impedir construcciones que puedan obstruir la luz del día, siempre que hayan tenido acceso a ella a través de un terreno vecino durante veinte años o más.

El creciente clamor de Nueva York impulsó a las autoridades a introducir en 1916 regulaciones zonales que especificaban que, a partir de cierta altura, los constructores debían «situar más atrás» los pisos superiores de los edificios, lo que derivó en el clásico diseño de «tarta nupcial» de muchos rascacielos de Manhattan.

Estos temas han saltado a las primeras páginas últimamente, ya que la población de Manhattan comienza a expandirse de nuevo. El departamento de planificación de la ciudad de Nueva York estima que, en 2030, Manhattan tendrá entre 220.000 y 290.000 habitantes más (más o menos un nuevo vecino por cada seis residentes actuales). No es de extrañar que esta afluencia esté generando una demanda de viviendas en determinadas partes de la ciudad, que todavía tienen (en teoría) espacio para construir.

Como muchas ciudades estadounidenses, Manhattan tiene un trazado de cuadrícula, que es totalmente rectangular (salvo en Broadway, donde las calles serpentean entre bloques de hormigón limpiamente dispuestos). Aunque normalmente la parte alta de la ciudad se encuentra al norte y la parte baja al sur, la cuadrícula, en realidad, tiene una desviación de 30 grados hacia el este. Esto significa que dos días al año, el 5 de diciembre y el 8 de enero, el sol sale alineado con la cuadrícula y llena de luz todas las travesías tanto del norte como del sur. Y el 28 de mayo y el 11 de julio, las sobresalientes columnas de cristal y hormigón enmarcan limpiamente la puesta de sol, un fenómeno apodado «Manhattanhenge» que hace que miles de turistas y oficinistas salgan a las calles para observarlo.

Es impresionante contemplar las altas torres de Manhattan reflejando el sol y el cielo en sus fachadas. Pero en el suelo hay una historia diferente. Mientras la ciudad crece hacia lo alto, los neoyorquinos se ven cada vez más privados de su ración de sol, ya que los espacios públicos se encuentran a la sombra.

Hogar de rascacielos tan representativos como el edificio Chrysler, el Rockefeller Center y la sede de Naciones Unidas, el este de Manhattan Central es una zona densamente poblada que le resultará familiar a cualquiera que tenga televisión en casa. Aunque el departamento de planificación de la ciudad cree que aún hay sitio para crecer (especialmente en los bordes exteriores, donde los edificios tienen entre ocho y diez plantas de altura y en las aceras hay árboles plantados).

Aquí, al lado de una pequeña sinagoga y frente a dos restaurantes sin pretensiones, uno tailandés y otro japonés, está la entrada del pequeño Greenacre Park, un espacio tan diminuto que, la primera vez que lo busqué, no lo vi y estuve a punto de pasar de largo.

El parque fue inaugurado para los neoyorquinos en 1971 por el difunto filántropo Abby Rockefeller Mauzé, «con la esperanza de que encuentren aquí unos momentos de tranquilidad en este ajetreado mundo». Hay cierta ironía en el hecho de que la rica herencia que fundó este remanso de sol y tranquilidad procediera del abuelo de Abby, John D. Rockefeller sénior, que se hizo rico refinando petróleo para hacer queroseno, cuyas ventas fueron catapultadas por la creciente demanda de viviendas.

Greenacre Park no es más grande que una cancha de tenis y se entra en él por una puerta de madera, que sostiene una pérgola que se extiende por la izquierda del parque hasta una zona elevada, donde la gente se sienta a charlar y a comer el almuerzo. Ya de anciana, la señora Rockefeller solía sentarse allí, a leer, a fumar sin parar y a admirar la enorme cascada que brota de la pared trasera cubierta de follaje y cae en el estanque rectangular de debajo. Otro rasgo inusual es el bosquecillo de espectaculares acacias que hay en la zona central del parque. Estos esbeltos árboles de tronco rojizo forman un dosel de delicadas hojas que filtran y tamizan la luz del sol, desperdigándola en un mosaico móvil de luces y sombras que danzan suavemente. En combinación con la cascada, es como estar en unos jardines romanos en el centro de Nueva York.

Cerca de una pequeña cafetería que hay en la entrada me encuentro por casualidad con Charles Weston, Charlie para los amigos, un afroamericano que viste el uniforme marrón del servicio municipal de parques y jardines y que ayudó a construirlo. Sugiere que si quiero saber qué aspecto tendría, si la propuesta de reforma urbana sigue adelante, debería dirigirme a Paley Park, otro pequeño parque situado entre Madison y la Quinta Avenida. Acepto su consejo y descubro un espacio casi idéntico, con cascada y acacias, aunque aquí la sombra de los rascacielos que lo rodean ha impedido que los árboles crezcan del todo y han despojado al parque de gran parte de su carácter.

«Antes de que se construyeran los rascacielos, había mucho sol; árboles muy hermosos —dice Tony Harris, otro antiguo jardinero municipal que lleva tres décadas trabajando aquí—. Actualmente aún tenemos sol, pero viene y se va.»

Le pregunto si eso ha influido en la cantidad de visitantes. Sonríe de oreja a oreja.

«Claro que no; esto es Paley Park: el pequeño parque mejor cuidado de toda Nueva York.»

Otros no están de acuerdo: un parque oscuro pronto se convierte en un parque desierto, sobre todo durante los meses más fríos, cuando es desagradable estar en la calle si no hace sol. En un lugar como Nueva York, donde el precio del terreno es tan elevado, es difícil justificar el mantenimiento de un parque desierto, lo cual pone en peligro estos espacios exteriores. La campaña de «Lucha por la Luz» que gira alrededor de Greenacre Park dice mucho sobre la sed de sol inherente a las personas, aunque en el momento en que escribo esto ha caído en saco roto y se espera que la reurbanización de Manhattan Central siga adelante.

Por todas partes se libran batallas parecidas. Roman Abramovich quería construir en Londres un nuevo estadio de mil millones de libras para el Chelsea Football Club, pero estos planes han chocado frontalmente con la voluntad de las familias del vecindario, que prefieren tener sol en sus casas y jardines[70]. Incluso en la sofocante Delhi, donde el sol brilla 350 días al año, el permiso para construir edificios nuevos más altos ha disparado el temor a que algunos edificios se queden a la sombra. El problema se da igualmente en Bombay, donde un reciente informe de la consultoría Environment Policy and Re-

70. https://www.telegraph.co.uk/news/2018/01/12/no-light-end-tunnel-chelseas-new-1-billion-stadium/.

search India recomendaba al menos dos horas diarias de «sol ininterrumpido» en los edificios[71].

Ha costado mucho descubrir que recibir la luz del sol es crucial para la salud física de los habitantes de las ciudades. Ahora, cuando cada vez somos más los que vivimos en ciudades abarrotadas, corremos el riesgo de olvidar lo que hemos aprendido. Los parques y otros espacios abiertos no deberían ser un lujo. Una reciente publicación de la Organización Mundial de la Salud concluía que el acceso al espacio urbano verde es beneficioso para la salud mental de la gente, reduce el porcentaje de dolencias cardiovasculares y la diabetes de tipo 2 y mejora las condiciones de los partos. Y hay otra razón para creer que para los niños y los jóvenes es bueno pasar más tiempo al aire libre, y tiene que ver con la forma de los globos oculares.

* * *

Ian Morgan asegura que ha sido el experto más importante del mundo en el tema de la retina de los pollos. Lo que más le interesaba era saber cómo pasaba el ojo de ver con poca luz a ver con mucha luz, un proceso en el que interviene la dopamina, una molécula de señalización.

«Si cuentas esto en una fiesta, la gente se duerme escuchándote —dice Morgan con su fuerte acento australiano—. Pero cuéntale que estás trabajando en una cura para la miopía y todos espabilarán y tomarán nota..., sobre todo si comentas que tu trabajo puede cambiar la suerte de millones de niños chinos.»

En el este de Asia se está lidiando con una epidemia de miopía, una afección que, como el raquitismo, comienza en la infancia. En muchas zonas urbanas, como Cantón, excede a menudo el 90 por ciento, donde hace sesenta años solo del 20 al 30 por ciento de la población china era

---

71. https://www.hindustantimes.com/delhi-news/in-a-dense-and-rising-delhi-exert-your-right-to-sunlight/story-zs0xLKVT8UKC05B5JfQi5M.html.

miope. Es muy diferente de la Australia natal de Morgan, donde solo son cortos de vista el 9,7 de cada cien niños blancos.

Cantón, al sur de China, es el corazón de una de las zonas más pobladas y urbanizadas del planeta. También es sede del mayor hospital oftalmológico de China, donde Morgan es profesor visitante. Hay tanta demanda de los servicios hospitalarios que el centro no da abasto. Algunos días no se puede circular por los pasillos debido a la multitud de pacientes que hay.

Sin embargo, estos pacientes son los afortunados: en algunas zonas rurales, la falsa idea de que las gafas pueden dañar la vista de los niños impide que muchos de ellos sean tratados. Y como no ven bien la pizarra, su rendimiento escolar se resiente.

Hay tan pocos miopes en Australia que Morgan ni siquiera estaba seguro de lo que era la miopía cuando empezó a estudiar. Sin embargo, de vez en cuando cruzaba su radar algún artículo sobre el tema, así que un día se puso a leer.

Así se enteró de dos cosas: 1) aunque muchos libros de texto aseguran que la miopía es una afección genética, su incidencia aumenta mucho más aprisa de lo que la selección natural es capaz de explicar; 2) la miopía no tiene que ver solo con usar gafas: también es una causa de ceguera en los adultos.

Cuando Morgan se enteró de los enormes niveles de miopía que había en Asia oriental, vio la oportunidad de intervenir en la vida de la gente y se puso a investigar. Su primera misión fue comparar el porcentaje de miopía en Australia con el de los vecinos países asiáticos. Sus resultados fueron sorprendentes[72]. El porcentaje de miopes entre los niños australianos de siete años era del 1 por ciento; entre los niños de Singapur era del 30 por ciento. Preguntándose si la genética tendría algo que ver, Morgan investigó el porcentaje de niños de ascendencia china que se habían criado en Australia: era del 3 por ciento.

---

72. https://www.aaojournal.org/article/S0161-6420(07)01364-4/fulltext.

«El único factor que se nos ocurría que podía diferir era la cantidad de tiempo que los niños estaban al aire libre», dice Morgan. Estudios posteriores revelaron que, mientras los niños australianos pasaban de cuatro a cinco horas al día fuera, en Singapur pasaban alrededor de 30 minutos.

La teoría de Morgan de que la luz exterior podía ser protectora fue confirmada por una serie de experimentos realizados con animales en otros laboratorios. Descubrieron que criar pollos con luz tenue aumentaba significativamente las posibilidades de tener miopía, y otro estudio reveló que criar pollos con luz equivalente a la diurna los protegía de desarrollar una forma experimental de miopía.

La miopía se debe a que los globos oculares crecen demasiado, y el resultado es que la luz de los objetos lejanos se concentra a escasa distancia de la retina y no directamente en ella. En casos graves, las partes interiores del ojo se estiran y adelgazan, dando lugar a complicaciones como las cataratas, el desprendimiento de retina, el glaucoma y la ceguera.

La hipótesis actual con más probabilidades es que la luz estimula la liberación de dopamina en la retina, lo cual impide el crecimiento del ojo durante el desarrollo (por desgracia, no parece que la luz brillante invierta la miopía en adultos). La dopamina retiniana es regulada por un reloj circadiano y normalmente aumenta durante el día, permitiendo al ojo pasar de la visión nocturna a la diurna. El razonamiento es que, en ausencia de luz diurna, este ritmo se perturba y el resultado es un crecimiento retardado. Estudios posteriores han revelado que la exposición intermitente a la luz brillante (lo que cualquiera consigue normalmente si pasa mucho tiempo al aire libre en este planeta que da vueltas sobre su eje) es una forma de protegerse de la miopía inducida experimentalmente.

Dado el impacto que la miopía puede tener en la educación infantil, el deseo de ver a los hijos triunfar en la escuela es, paradójicamente, lo que está aumentando este problema en Asia oriental. La escolarización intensiva y un estilo de vida que desanima a jugar en el exterior están privando a los niños de la luz diurna, un ingrediente esencial para el desarrollo saludable del ojo.

«Los niños no salen a la hora del recreo porque les dicen que es malo para la piel, y que las chicas nunca se casarán si tienen la piel oscura —dice Morgan—. En Australia, en cambio, es un castigo no salir a la calle[73].»

Pero la miopía no solo es un problema de Asia oriental. Tanto en el Reino Unido como en Estados Unidos, el porcentaje de miopes se ha multiplicado por dos desde la década de 1960, y sigue aumentando. En Europa occidental, se espera que un 56 por ciento de la población sea miope en 2050; en Norteamérica se prevé que sea el 58 por ciento. Y ni siquiera los australianos, tan amantes del aire libre, son inmunes a esta tendencia creciente de pasar más tiempo en casa delante de pantallas electrónicas: basándose en la actual tendencia, se prevé que el 55 por ciento de los australianos sean miopes en 2050.

Una vez se inicia la miopía, suele progresar hasta el final de la adolescencia, así que, si se puede retrasar su aparición unos pocos años, la esperanza es que se reduzca drásticamente el número de los aquejados de miopía grave, así como los riesgos que esta conlleva.

La solución podría ser relativamente sencilla. En 2009 Morgan inició en Cantón un ambicioso experimento para demostrar su teoría sobre los efectos protectores de la luz exterior. Los niños de seis y siete años de seis escuelas elegidas al azar tenían que pasar obligatoriamente 40 minutos al aire libre al final de cada día escolar. Además, a los niños se les enviaba a casa con carteras de actividades que contenían paraguas, botellas de agua y gorras con el logotipo de una actividad exterior, y recibían una recompensa si completaban un diario de actividades al aire libre los fines de semana. Los niños de otras seis escuelas seguirían con su rutina normal, para hacer comparaciones posteriores. Tres años después, Morgan y sus colegas compararon los porcentajes de miopía entre ambos grupos de escuelas: en las escuelas

73. Ian Morgan, conversación con la autora.

con actividades al aire libre había desarrollado miopía el 30 por ciento de los niños, mientras que en el resto subía al 40 por ciento[74].

Es posible que la diferencia parezca pequeña, pero los niños de Cantón solo recibieron luz diurna 40 minutos más al día, cinco días por semana durante el trimestre, y partiendo ya desde muy abajo. Además, pocas familias aceptaron aventurarse en el exterior con más frecuencia los fines de semana.

«Nuestra hipótesis es que se necesitarían cuatro o cinco horas al aire libre cada día, como hacen los niños australianos», dice Morgan.

Otro estudio realizado en Estados Unidos descubrió que dedicando de diez a catorce horas por semana a «actividades deportivas en el exterior» se corría aproximadamente la mitad de peligro de tener miopía que en el caso de los niños que pasaban menos de cinco horas por semana.

En Taiwán, las escuelas han intentado ser más contundentes. El Gobierno lanzó en 2010 una iniciativa llamada Recreo Fuera de Clase que recomendaba a las escuelas elementales que los niños (de siete a once años) tuvieran el período de recreo en exteriores, con un total de 80 minutos al día.

«Obligaban a los niños a salir, apagaban las luces de las aulas y cerraban con llave la puerta», declara Morgan. Al cabo de un año, informaron de que la incidencia de la miopía se había reducido a la mitad en las escuelas que adoptaron el programa.

No es probable que unos métodos tan enérgicos vayan a funcionar en todas partes. Y tampoco es necesariamente saludable enviar a los niños a sentarse fuera bajo la luz directa del sol: las quemaduras de sol durante la infancia o adolescencia multiplican por dos o más veces las posibilidades de que un individuo desarrolle cáncer de piel potencialmente mortal (melanoma) en la vida adulta. Sin embargo, evitar los rayos directos también puede crear otros problemas. El raquitismo sigue siendo un problema en muchos países asiáticos, y está reapare-

74. https://www.ncbi.nlm.nih.gov/pubmed/26372583.

ciendo en ciudades occidentales, como Londres, debido a una combinación de malnutrición y vida en interiores.

Los investigadores se están percatando, además, de que la vitamina D podría tener otros efectos importantes en nuestra salud, incluso antes del nacimiento, y de que el sol podría afectar a nuestra biología por medios inesperados. Ese factor misterioso que tanto impulsó la popularidad de las curas de sol durante la primera mitad del siglo XX es cada vez menos misterioso. Puede que la luz solar no sea el «elixir de la vida» que decía Victor Dane, y no hay duda de que es dañina en grandes cantidades. Pero la influencia del sol en nuestra biología es profunda, y hay algunos rincones que apenas hemos comenzado a explorar.

5

El factor protección

¿Cuál es nuestro signo del zodiaco? Puede que no esperemos que un científico nos lo pregunte, pero parece que el mes de nacimiento tiene una influencia en la vida o, al menos, en el cuerpo y la salud. Si, por ejemplo, hemos nacido en verano, tenemos más probabilidades de ser más altos que la media de los adultos, mientras que los niños nacidos en otoño suelen pesar más al nacer y llegan antes a la pubertad. Los efectos son mínimos (en el caso de la estatura es cuestión de milímetros), pero significativos. Es como si la luz del sol afectara al crecimiento humano como afecta al de las judías y las calabazas; además, los niños crecen más aprisa en primavera y verano, al igual que el pelo de la cabeza y el de la barba de los varones[75].

Sin embargo, las relaciones más notables entre la fecha de nacimiento y la vida adulta tienen que ver con el riesgo de desarrollar ciertas dolencias. Ya en 1929, un psicólogo suizo llamado Moritz Tramer informó de que los individuos nacidos al final del invierno tienen un riesgo mayor de padecer esquizofrenia, una asociación que se ha visto confirmada por estudios más recientes: en el hemisferio norte, los nacidos entre febrero y abril tienen más probabilidades —entre un 5 y un 10 por ciento— de desarrollar ese trastorno que

75. https://www.ncbi.nlm.nih.gov/pubmed/2003996.

los que han nacido en otros meses del año[76]. Y el riesgo se duplica si además tienen un progenitor o un pariente con esquizofrenia. Los niños nacidos a finales de primavera tienen más riesgo de padecer anorexia y de suicidarse en la vida adulta, mientras que las personas que cumplen años en otoño tienen más probabilidades de sufrir ataques de pánico y, al menos los varones, de ser alcohólicos.

Pero ¿qué hay detrás de todo esto? Muchos científicos le echan la culpa al sol, sobre todo a la cantidad de luz solar que recibieron las madres durante la segunda mitad del embarazo. Como sabemos, tomar el sol es vital para la producción de vitamina D, cuya deficiencia se asocia con varios trastornos psiquiátricos y otros relacionados con el sistema inmunológico.

Se han publicado varias explicaciones alternativas para estos efectos debidos al mes de nacimiento, explicaciones que remiten a la temperatura, la dieta y el ejercicio, todo lo cual puede variar con las estaciones. En el caso del asma alérgica, los individuos nacidos al final del verano y principios del otoño, cuando hay más ácaros del polvo en el aire, tienen un 40 por ciento más de probabilidades de desarrollar asma, lo que probablemente esté relacionado con el momento en que exponen por primera vez su sistema inmunológico a los alérgenos que la provocan[77]. También hay picos y valles estacionales en la abundancia de bacterias y virus, y en su facilidad para extenderse. Por ejemplo, un clima frío y seco causa mucosidad nasal y los virus que expelemos al estornudar permanecen en el aire más tiempo, aumentando así la posibilidad de que otra persona los inhale[78]. La exposición de una madre a tales infecciones también podría influir en el desarrollo del sistema inmunitario del hijo.

Sin embargo, la exposición de la madre a la luz solar sigue siendo el sospechoso principal en muchas de estas afecciones relacionadas con el

---

76. https://www.newscientist.com/article/mg19325881–700-born-under-a-bad-sign/.

77. https://www.ncbi.nlm.nih.gov/pmc/articles/PMC4986668/.

78. http://journals.plos.org/plosbiology/article?id=10.1371/journal.pbi0.1000316.

mes de nacimiento, entre otras cosas porque los nacidos en verano tienen el doble de vitamina D en sangre que los nacidos en invierno, lo que demuestra la magnitud de la diferencia entre recibir luz solar en una u otra estación. Este, o algún otro factor solar, parece influir en el desarrollo del cuerpo del niño, modificando el riesgo de padecer futuras dolencias.

La exposición al sol no solo es importante durante el embarazo: la luz del sol también está implicada en otros misterios médicos. Varias afecciones, incluida la diabetes tipo 1[79], el asma, la hipertensión y la arterioesclerosis tienen más incidencia entre personas que viven en latitudes más altas, donde los días son más cortos y la luz del sol más débil durante los meses de invierno, en comparación con las personas que viven cerca del ecuador. Muchos de los síntomas de estas afecciones tienden a mejorar durante los meses de verano, cuando hay más luz solar.

Una de las asociaciones más firmes entre enfermedad y latitud geográfica es la relativa a la esclerosis múltiple (EM), que tiene más incidencia entre los niños nacidos en primavera. La EM es un trastorno del sistema autoinmune que afecta al tejido aislante que envuelve las células nerviosas del cerebro y la médula espinal. Un reciente metaanálisis que ha combinado los resultados de 321 estudios sobre la incidencia de la EM ha llegado a la conclusión de que por cada grado de latitud que se sube hacia el norte o se baja hacia el sur desde el ecuador hay 3,97 más casos por cada 100.000 personas[80]. La incidencia de la EM entre personas que han recibido poco sol durante la juventud y la adolescencia es tres veces mayor.

---

79. Además de la esclerosis múltiple, una de las enfermedades más firmemente relacionadas con la influencia del mes de nacimiento es la diabetes tipo 1, que es otra enfermedad autoinmune; véase https://www.ncbi.nlm.nih.gov/pmc/articles/PMC2768213/.

80. Estas cifras son aplicables únicamente a países con habitantes de ascendencia mayoritariamente europea. En lo referente a otros países no se encontraron asociaciones relacionadas con la latitud; en principio parece que los europeos tienen más propensión genética a padecer EM. Véase https://www.ncbi.nlm.nih.gov/pubmed/21478203.

Si buscamos casos para estudiar el papel del sol en la incidencia de la EM, convendría que nos fijáramos en el misterioso auge que se ha producido en el soleado Irán, un país que en teoría debería tener niveles relativamente bajos. Históricamente, Irán siempre tuvo niveles bajos de esclerosis múltiple, junto con otros países de Oriente Próximo. Pero la incidencia se multiplicó por ocho entre 1989 y 2006[81], hasta llegar a afectar casi a seis personas de cada 100.000[82]. ¿Por qué?

El principal sospechoso es la falta de vitamina D, que cada vez se hace más evidente que tiene otros papeles, además de mantener sanos los huesos y la dentadura. Los receptores de vitamina D se encuentran en el corazón y en células pancreáticas que sintetizan la insulina[83], y la deficiencia de vitamina D se asocia tanto con trastornos del corazón como con las diabetes tipo 1 y tipo 2. Influye en el desarrollo de las células cerebrales y en su buena salud señalizadora y general[84]. Diversas células inmunitarias la utilizan para ayudarse a repeler ataques de invasores extraños y estimular la curación de heridas. Algo de especial relevancia para la esclerosis múltiple es que la vitamina D, por lo que parece, también estimula el desarrollo de células inmunitarias reguladoras que impiden que las reacciones inmunes se descontrolen.

Se ha asociado un nivel bajo de vitamina D durante el embarazo con la duplicación del riesgo de que el niño desarrolle esclerosis múltiple de adulto[85], mientras que los jóvenes con niveles altos de vitamina D tienen un riesgo menor de sufrir la enfermedad.

* * *

---

81. No había datos anuales sistemáticos antes de estas fechas.

82. https://www.karger.com/Article/Abstract/336234.

83. https://www.karger.com/Article/FullText/357731.

84. https://www.sciencedirect.com/science/article/pii/B9780128099650000331.

85. https://www.ncbi.nlm.nih.gov/pmc/articles/PMC4861670/.

Situados relativamente cerca del ecuador, y con una gran cantidad de días soleados, los iraníes tendrían que tener una cantidad suficiente de vitamina D. Y era así hasta no hace mucho. Durante la primera mitad del siglo xx Irán era un país influido por la moda y la cultura occidentales. El último sah de Irán, Mohammed Reza, que gobernó el país de 1941 a 1979, tenía debilidad por los coches deportivos europeos, las carreras de caballos y las actrices americanas y llevaba ropas occidentales, y las actrices y las cantantes pop se fotografiaban a menudo con minifalda y traje de baño. Todo esto cambió con la revolución islámica de 1979. Desde entonces los hombres deben vestir de modo conservador y las mujeres llevar prendas largas y holgadas y cubrirse el pelo y la cara, so pena de ser detenidos por la policía de la moral. La piel que antes recibía la luz del sol, de repente, quedó cubierta.

Actualmente, la deficiencia de vitamina D es alta entre la población iraní en general, y significativamente más entre las mujeres y los niños. Datos de la Harvard School of Public Health también relacionan la vitamina D con la esclerosis múltiple, revelando que personas con bajos niveles de vitamina D en sangre durante las primeras fases de la enfermedad tienen más probabilidades de desarrollar todos los síntomas y tienen un pronóstico más serio[86].

Al igual que los ritmos circadianos y la melatonina, la vitamina D es de origen muy antiguo; se ha estimado que el fitoplancton y el zooplancton de nuestros océanos la vienen produciendo desde hace más de 500 millones de años. La modalidad precursora, inactiva, de la vitamina D se encuentra en casi todas las formas de vida, por ejemplo en el diminuto plancton marino: esto explicaría por qué el hígado de los peces (que comen plancton) es una fuente tan rica en vitamina D. En estos primitivos organismos, ayuda a protegerlos de los aspectos más destructivos de la energía solar, absorbiendo algunos de los rayos UV que dañan el ADN.

---

86. https://www.newscientist.com/article/mg22329810–500-let-the-sunshine-in-we-need-vitamin-d-more-than-ever/.

Sin embargo, la forma activa de vitamina D, que tan importante es para el esqueleto humano (y el aparato necesario para generarlo) solo se encuentra en vertebrados.

El problema es que en latitudes que rebasan los 37º, que comprenden toda la zona que hay al norte de San Francisco, Andalucía y Seúl, y toda la que queda al sur de Buenos Aires y de Concepción (Chile), la cantidad de vitamina D sintetizada durante los meses de invierno es insignificante. En el Reino Unido solo ocurre entre finales de marzo y septiembre, lo que hace que aquí dependamos de las reservas de vitamina D acumuladas durante los meses más soleados, así como de la vitamina D procedente de fuentes como el pescado azul, la yema de huevo y las setas.

El hecho de que muchos pasemos tanto tiempo en interiores ha despertado el temor de que muchos habitantes de latitudes altas no estén almacenando suficiente vitamina D para el invierno, y de que sus huesos, sus músculos y, posiblemente, otros tejidos estén sufriendo a causa de esta deficiencia. El Scientific Advisory Committee on Nutrition de Gran Bretaña llegó a recomendar en 2016 que todos los británicos tomaran suplementos de vitamina D durante los meses de invierno, principalmente para proteger los huesos. Las caídas y las fracturas resultantes de las mismas son causa de lesiones graves e incluso de muerte, sobre todo en el caso de los ancianos, y constituyen una sangría para la Seguridad Social, así que es un buen consejo. Y la lista de enfermedades que se han asociado a la falta de vitamina D ha aumentado en los últimos años: además de la esclerosis múltiple, tenemos problemas cardiovasculares, enfermedades autoinmunes e inflamatorias, infecciones, incluso infertilidad.

Por lo tanto, puede que lleguemos a la conclusión de que tomar suplementos de vitamina D mejorará nuestra salud. Por desgracia, no parece que sea muy útil en muchas de estas enfermedades. Lo mismo cabe decir de la esclerosis múltiple: aunque se relaciona un nivel bajo de vitamina D con un riesgo mayor de tener la enfermedad y una evolución más grave de la misma, ningún estudio ha demostrado aún que los suplementos de vitamina D puedan mejorar los síntomas de EM cuando ya han aparecido[87].

A finales de 2017 se hizo un experimento[88] en el que se administraron suplementos de vitamina D a pacientes de todas las edades; no se encontraron pruebas concluyentes de que la vitamina prevenga o sea útil en afecciones no relacionadas con los huesos, aunque hubo dos excepciones: la vitamina D puede ayudar a prevenir infecciones del tracto respiratorio superior y a empeorar el asma. También se asocia con una expectativa mayor de vida entre personas maduras y ancianas, pero sobre todo entre las que están en un hospital o viviendo en una residencia, con pocas posibilidades de salir al exterior. Obviamente, son cosas importantes, pero como panacea para todos los problemas de salud del siglo XX, los suplementos de vitamina D tienen un papel poco destacado.

Este no es necesariamente el final de la historia de la vitamina D. Puede que no hayamos descubierto aún cuál es el mejor momento para tomar los suplementos, o la dosis idónea, o que los experimentos no hayan durado lo suficiente para detectar el efecto en nuestra salud; o también que muchos experimentos se hayan hecho con personas con niveles adecuados de vitamina D, lo que podría haber ocultado los beneficios de los suplementos de vitamina D en personas con deficiencia. En la actualidad hay más experimentos en marcha, y mientras no tengamos los resultados, el jurado seguirá deliberando.

Sin embargo, también merece la pena meditar si en la luz solar hay algo más que contribuya a algunos de los principales beneficios atribuidos a la vitamina D, por ejemplo el menor riesgo de tener esclerosis múltiple. Está claro que la vitamina D es buena para nosotros, pero el nivel que tenemos en el cuerpo es también un indicador fiable de cuánto tiempo pasamos al sol. Aumentar el suplemento de vitamina D no es lo mismo que pasar más tiempo al aire libre; y si nos

---

87. http://journals.sagepub.com/doi/full/10.1177/1352458517738131.

88. https://www.ncbi.nlm.nih.gov/pubmed/29102433.

apoyamos en los suplementos para compensar la falta de sol, puede que nos estemos perdiendo algo más que el sol nos proporciona.

* * *

Slip! Slop! Slap! Ya se sabe lo que ocurre con las campañas oficiales que promueven la salud: el eslogan de la campaña del proyecto SunSmart, del Cancer Council de Australia, campaña en la que vemos a una gaviota aconsejando a la gente que se ponga (*slip*) una camisa, se unte (*slop*) con crema protectora y se cale (*slap*) una gorra, figura entre los que más éxito han tenido en la historia de aquel país. Lanzado en 1981, el mensaje se grabó en la mente colectiva y está ampliamente demostrado que redujo la incidencia del carcinoma de células basales y el carcinoma de células escamosas (las dos formas más comunes de cáncer de piel).

En 2007 se cambió el eslogan, que pasó a ser *slip, slop, slap, seek and slide* (como si dijéramos «tápate, úntate, cúbrete, escóndete y póntelas»), para subrayar la importancia de buscar la sombra y ponerse unas gafas negras para protegerse del sol.

Australia tiene uno de los porcentajes más altos de melanoma del planeta. Por término medio, cada día se diagnostica a treinta australianos y tres de ellos mueren por su causa. Tras tanto hablar de los efectos beneficiosos de los rayos solares, merece la pena ver el lado opuesto: no hay duda de que la exposición a los rayos ultravioleta, y en general al sol, es responsable del cáncer de piel.

Esto ya se reconoció a principios de 1928, cuando la moda de las lámparas de rayos ultravioleta y los baños de sol estaba en pleno auge. Cuando un investigador británico llamado George Findlay bombardeó diariamente a unos ratones con rayos ultravioleta de una lámpara de mercurio y observó que les aparecían tumores en la piel. Desde entonces, muchos más estudios han reforzado la relación entre los rayos UV y el cáncer de piel, y han demostrado que los filtros solares reducen el riesgo de desarrollarlo.

La razón es que los rayos UV producen mutaciones en el ADN de nuestras células epiteliales, hace que funcionen mal y comiencen a crecer anormalmente. Aunque aumentan los indicios de que entra en juego otro mecanismo que podría explicar los efectos beneficiosos del sol en dolencias inflamatorias y autoinmunes. Como siempre, el sol es una espada de doble filo: es creador y destructor de vida.

Durante la década de 1970, una investigadora estadounidense llamada Margaret Kripke descubrió que si implantaba células epiteliales cancerosas en ratones sanos, lo rechazaban, pero si lo implantaba en ratones que habían sido bombardeados con radiación ultravioleta, arraigaba y crecía[89]. Kripke concluyó que los rayos UV inhibían de alguna manera el sistema inmunitario, lo cual podría explicar por qué las células inmunitarias (a menudo muy buenas detectando y destruyendo células anormales) a veces no pueden detectar ni rechazar el inicio del cáncer de piel causado por la exposición al sol.

En otras palabras, además de dar lugar a las mutaciones que lo causan, la razón de que el cáncer de piel pueda crecer se debe a que el sistema inmunitario está entorpecido por el exceso de sol.

La piel es el órgano más grande que tenemos, mide cerca de dos metros cuadrados y pesa alrededor de 3,6 kilos. Según la *Enciclopedia Británica*, la piel protege y recibe estímulos sensoriales del entorno. Sin embargo, parece que en general hemos infravalorado su función. Indicios recientes sugieren que la piel también es una parte vital del sistema inmunitario, y transmite información a la vasta orquesta inmunológica que tiene a sus órdenes sobre amenazas exteriores.

Las células predominantes en la capa más externa de la piel, la epidermis, son los queratinocitos. Además de producir la queratina, que es una proteína estructural que impermeabiliza la piel, los queratinocitos están en constante diálogo con las células inmunitarias de los cercanos nódulos linfáticos, así como con las células nerviosas de la piel.

---

89. https://www.ncbi.nlm.nih.gov/pubmed/4139281/.

Estos queratinocitos están cubiertos de receptores que pueden absorber los rayos UV: responden a ellos enviando señales químicas a varias células inmunológicas, sobre todo a un subconjunto de células «reguladoras» que ayudan a mantener el sistema inmunológico en buenas condiciones, y si las señales son lo bastante fuertes, las transmiten al resto del cuerpo, suprimiendo sus respuestas inmunológicas.

Dado que hemos evolucionado como criaturas diurnas en este soleado planeta, es de suponer que hay una razón para esta supresión inmunológica. Una idea es que es una forma de tolerarse; el sistema inmunológico es un arma poderosa que, dejada a su aire, podría volverse rápidamente contra nuestros propios tejidos y destruirlos, así que la «autotolerancia» es esencial para la supervivencia.

«Si se anula esa tolerancia, el sistema inmunológico nos mata —dice Scott Byrne, un inmunólogo de la universidad de Sídney que ha estado investigando este recién descubierto papel de los rayos UV—. Cuando tomamos el sol, esencialmente estamos manteniendo ese entorno generador de tolerancia, que es básico para prevenir enfermedades autoinmunes[90].»

En cambio, si tomamos demasiado el sol, nuestras células inmunológicas también empezarán a tolerar los cánceres que crecen en la piel.

Prue Hart, una inmunóloga de la Universidad de Australia Occidental, lleva tiempo fascinada por las asociaciones de la latitud con las enfermedades autoinmunes como la esclerosis múltiple, y está decepcionada por los resultados de los experimentos con vitamina D, que no han conseguido demostrar el beneficio de los suplementos para retardar o detener el avance de la enfermedad. Sin embargo, el descubrimiento de que los rayos UV suprimen ciertas respuestas inmunológicas la ha impulsado a investigar los rayos UV como terapia potencial para la EM. De momento ya ha demostrado que bombardeando a los ratones con radiación UV equivalente a un rato de sol a medio-

---

90. Scott Byrne, conversación con la autora.

día puede impedir que desarrollen una forma experimental de EM llamada encefalomielitis autoinmune experimental (EAE)[91]. Actualmente trabaja con Byrne para investigar si la exposición a los rayos UV de lámparas fototerapéuticas, utilizadas comúnmente para tratar problemas de inflamación de la piel como la psoriasis, podría retrasar, o incluso impedir, el desarrollo de la esclerosis múltiple en personas que muestran los primeros síntomas de la enfermedad.

En un estudio piloto con veinte personas[92], solo siete de las diez que recibieron fototerapia durante dos meses desarrollaron esclerosis múltiple completa un año después, mientras que todos los del grupo de control la desarrollaron. El grupo UV también manifestó sentirse menos fatigado. Algo importante es que los niveles de vitamina D permanecieron más o menos iguales en los dos grupos, lo que sugiere que esta no era la razón de la mejoría. Aunque todavía es muy pronto y es necesario llevar a cabo experimentos más prolongados, estos resultados son un rayo de esperanza para las personas que sufren enfermedades autoinmunes.

Sin embargo, la supresión inmunológica no lo explica todo. Por ejemplo, no explica por qué los que toman mucho el sol parecen tener más esperanza de vida, a pesar del riesgo cada vez mayor de contraer cáncer que comporta esta actividad.

* * *

Richard Weller empezó su actividad profesional como un «buen» dermatólogo que creía que el sol era fatal para el ser humano, «porque es lo que dicen los dermatólogos». Sigue sin discutir que sea uno de los mayores factores de riesgo para tener cáncer de piel. Incluso cuando descubrió que la piel puede producir óxido nítrico (un potente

---

91. https://www.omicsonline.org/open-access/uv-irradiation-of-skin-regulates-a-murine-model-of-multiple-sclerosis-2376-0389-1000144.php?aid=53832.

92. https://www.ncbi.nlm.nih.gov/pmc/articles/PMC5954316/.

dilatador de los vasos sanguíneos), supuso que estaría relacionado con el crecimiento del cáncer de piel y que no sería beneficioso para la salud.

Luego descubrió que acumulamos en la piel vastas cantidades de una forma almacenable de óxido nítrico, y que los rayos solares pueden activarlo. Fue entonces cuando se le abrieron los ojos.

«Alto ahí —se dijo—. Quizás esa sea la razón por la que las lecturas de la presión arterial sean más bajas en verano que en invierno»[93]. También podría esto ayudar a explicar los mayores porcentajes de dolencias cardiovasculares en latitudes altas.

Posteriores experimentos lo han confirmado. Si expones a alguien a una radiación equivalente a 20 minutos de sol británico, sentirá una bajada temporal de la presión sanguínea que continuará incluso después de haber entrado en casa[94].

Y no solo es la presión arterial lo que parece beneficiarse de la movilización del ácido nítrico por la luz solar. Estudios independientes han revelado que los ratones alimentados con una dieta rica en grasas pueden protegerse del habitual aumento de peso y de la disfunción metabólica gracias a una exposición regular a rayos UV[95]. Si se bloquea la producción de óxido nítrico, se bloquea también su efecto protector. El óxido nítrico también tiene que ver con la curación de heridas, por no hablar de la erección y su mantenimiento en los varones. Y parece que el óxido nítrico es otra de las sustancias a las que responden esas células reguladoras que entorpecen las reacciones inmunes excesivas.

Esta interacción anteriormente desconocida entre los rayos solares y nuestra piel podría ayudar a explicar los desconcertantes resul-

---

93. Richard Weller, conversación con la autora.

94. En el curso de un experimento, Weller y sus colegas expusieron a los sujetos a 22 minutos de radiación UVA y registraron un descenso de la presión diastólica que se mantuvo 30 minutos después de apagarse la luz. Véase https://www.ncbi.nlm.nih.gov/pubmed/24445737.

95. https://www.ncbi.nlm.nih.gov/pubmed/25342734.

tados de un estudio sobre el melanoma que se realizó en el sur de Suecia.

Este estudio se inició en 1990 para alcanzar un mayor conocimiento de los riesgos asociados al melanoma y el cáncer de piel. Los investigadores reclutaron a 29.508 mujeres sin historial de cáncer, les preguntaron por su salud y sus costumbres y se les hizo un seguimiento a intervalos regulares para ver cómo estaban de salud.

Entre otras cosas, se les preguntó por sus hábitos solares. ¿Cuántas veces tomaban el sol en verano? ¿Lo hacían en invierno? ¿Usaban camas de bronceado? ¿Y salían al exterior a bañarse y tomar el sol? Basándose en sus respuestas, dividieron a las mujeres en tres categorías: «exposición al sol nula», «exposición al sol moderada» y «exposición al sol abundante».

Veinte años después de comenzar el estudio, los investigadores reunieron los datos e hicieron sorprendentes descubrimientos. El primero fue que la esperanza de vida de las mujeres con exposición abundante al sol era entre uno y dos años mayor que la de las que evitaban el sol. Esto fue después de ajustar factores como ingresos económicos, nivel educativo, ejercicio y todo lo que podría influir en los resultados.

Si se confirmara, dicen los autores[96], esto pondría la falta de sol al mismo nivel que el tabaco en lo referente a la esperanza de vida. Las mujeres del grupo que no tomaba nunca el sol duplicaron la media de defunciones, durante el período del estudio, en comparación con el grupo que más tomaba el sol. Las mujeres del grupo moderado estaban en el centro.

Por polémico que parezca, el descubrimiento encaja con otros estudios que han asociado el bajo nivel de vitamina D con una esperanza de vida más corta. Por supuesto, ahora sabemos que el sol tiene otros efectos corporales que podrían ayudar a explicar la relación, y la vitamina D podría ser solo un marcador de la exposición al sol en

---

96. https://www.ncbi.nlm.nih.gov/pubmed/26992108.

general. Por otro lado, la vitamina D podría tener otros efectos, aún no reconocidos, en nuestra biología; efectos que previenen la muerte prematura.

Cuando los investigadores suecos buscaron la causa de la reducción de la esperanza de vida entre las mujeres que evitaban el sol, descubrieron que se debía sobre todo a un mayor riesgo de muerte por enfermedades cardiovasculares y otras no relacionadas con el cáncer, como la diabetes tipo 2, enfermedades autoinmunes y enfermedades pulmonares crónicas.

Otro descubrimiento del estudio, que desafía la lógica, fue que las amantes del sol que desarrollaron un cáncer de piel distinto del melanoma tenían la esperanza de vida más alta de todas. Aun así, las mujeres del grupo que más tomaba el sol tenían más probabilidades de morir de cáncer que las de los otros grupos, probablemente porque vivían más tiempo. También tenían más probabilidades de sufrir cáncer de piel, incluido el melanoma. Aunque, si se les declaraba, su media de supervivencia era superior a la de las que tomaban el sol y tenían la enfermedad[97].

* * *

Todo esto hace que los responsables de las políticas de la salud se enfrenten a un dilema. Muchas escuelas australianas tienen una política de «si no hay gorra no se juega», para proteger a los niños del sol. Esto tiene sentido durante los meses de verano, sobre todo en un país como Australia, donde los rayos de sol atraviesan menos atmósfera para llegar al suelo, así que son más potentes. Sin embargo, se están implantando políticas similares en escuelas de latitudes más altas (incluidas escuelas británicas), donde el sol suele ser más débil.

97. Incluso las enemigas del sol pueden tener melanoma, seguramente por haber sufrido quemaduras solares en la infancia.

Incluso el Cancer Council Australia, que lanzó la campaña *Slip! Slop! Slap!*, ha introducido un matiz en el mensaje estos últimos años para reducir el riesgo de avitaminosis D y ahora enfatiza la importancia del índice de rayos UV (una medida de lo fuertes que son los rayos UV y saber, en consecuencia, cuándo hay más riesgo de sufrir quemaduras) para determinar cuándo deben evitarse los rayos solares. Junto con otras instituciones australianas, el Cancer Council recomienda evitar el sol cuando el índice de rayos UV es de 3 o más (incluso los que tienen diagnosticada avitaminosis D) y obedecer aquello de «tápate, úntate, cúbrete, escóndete y póntelas» si se va a estar al aire libre un buen rato.

Sin embargo, en zonas más meridionales del país están animando a la gente a salir al aire libre a mediodía, en otoño e invierno, con parte de la piel desprotegida, para sintetizar la vitamina D.

En países situados en latitudes más septentrionales, como el Reino Unido, el índice UV raramente pasa de 3 entre los meses de octubre y marzo, pero puede llegar a 6 en un día soleado de finales de abril, y podría aumentar hasta 7 y 8 en pleno verano. Cancer Research UK recomienda pensar en la protección solar (sobre todo entre las once de la mañana y las tres de la tarde) cuando el índice UV está entre 3 y 7, y utilizarla a todas horas cuando sea superior a 8. Un índice de 9 o 10 es habitual durante los veranos mediterráneos e incluso podría, aunque raras veces, llegar a los 11, que es el tope del índice.

Lo más importante de todo es evitar las quemaduras solares. Si comparamos la incidencia del cáncer de piel entre los que trabajan al aire libre y los oficinistas, son estos últimos los que tienen mayor riesgo de tener un melanoma mortal. Los que trabajan al aire libre tienen mayor riesgo de contraer otros tipos de cáncer de piel, pero son menos mortales. Una razón sería que los oficinistas tienden a tomar el sol en grandes cantidades en poco tiempo, es decir, van a la playa el fin de semana, se tienden al sol y se achicharran: la quemadura solar es un importantísimo factor de riesgo para la aparición de un melanoma.

Otra posibilidad es que esta diferencia tenga alguna relación con el tipo de rayos UV que se absorbe; los que trabajan al aire libre se exponen regularmente tanto a radiación UVA como a radiación UVB, mientras que los oficinistas reciben dosis más altas de UVA (que puede penetrar por las ventanas del despacho), pero no de UVB. Aunque ambos tipos de radiación tienen un papel en el cáncer de piel, curiosamente, la vitamina D (que se sintetiza gracias a los rayos UVB) parece que protege el ADN de las células epiteliales.

Aunque poca gente defendería los baños de sol como método para evitar el cáncer de piel, hay experimentos en curso que están investigando si aplicar directamente vitamina D a la piel podría ser una forma de mitigar parte de los efectos dañinos de la exposición al sol.

En conjunto, estos nuevos descubrimientos científicos sugieren que el paso, en los últimos decenios, de un estilo de vida al aire libre a un estilo enclaustrado podría tener consecuencias inesperadas, entre ellas el aumento del riesgo de padecer esclerosis múltiple, como han señalado los estudios en Irán. También ilustran las dificultades que comporta querer reemplazar la luz solar, que ha moldeado nuestra evolución durante cientos de miles de años, por un simple suplemento de vitamina D. La vitamina D es importante para muchos aspectos de la salud, y los suplementos existen para que quienes vivimos en latitudes altas tengamos suficiente durante los meses de invierno[98], pero no sirven para suplir la luz diurna durante el año (también necesitamos luz brillante para tener sincronizados los relojes internos). Demasiado sol es obviamente malo para nosotros, pero poco sol también pone en peligro nuestra salud. El sol tiene que tener un papel en nuestra vida cotidiana, como ha ocurrido durante milenios.

98. Un alimento rico en vitamina D es el pescado azul, que aporta además muchos otros nutrientes.

* * *

Hay otra cosa que la luz solar produce en la piel que vale la pena mencionar. Cuando el sol llega a la piel, dispara la producción de ciertas moléculas que estimulan, a su vez, la producción de melanina, el pigmento que hace que la piel se broncee y nos proteja del sol hasta cierto punto. Una de esas moléculas es la betaendorfina (o endorfina beta), una sustancia que activa los mismos receptores que sustancias opiáceas como la morfina y la heroína.

La liberación de endorfinas podría ser otra causa de que la exposición al sol reduzca el riesgo de dolencias cardíacas: al producir sensación de relajamiento, podría combatir los efectos negativos del estrés en el corazón. Las endorfinas también activan el sistema de recompensa, un mecanismo del cerebro que produce sensación de placer en respuesta a un estímulo específico (en este caso, tomar el sol) animándonos a buscarlo de nuevo. Algunos habituales de los baños de sol incluso presentan síndrome de abstinencia, parecido al asociado con dejar la heroína, si dejan de tomar el sol.

La liberación de betaendorfinas en respuesta a la luz del sol podría por lo tanto explicar en parte por qué sienta tan bien estar al sol, y por qué lo anhelamos tanto en los meses de invierno, cuando es más débil.

6

Un lugar oscuro

Ya en el siglo II d.C., Areteo de Capadocia, el famoso médico de la antigua Grecia, prescribía: «Poner a los aletargados al sol (porque la enfermedad es oscuridad)»[99]. El *Canon de medicina interna del emperador amarillo*, un tratado médico chino que se estima que fue escrito alrededor del año 300 a.C., también dice que las estaciones producen cambios en todos los seres vivos, y sugiere que en invierno, una época de conservación y almacenamiento, deberíamos «retirarnos temprano y levantarnos con el sol [...] Los deseos y la actividad mental deberían detenerse y contenerse, como si guardáramos un feliz secreto»[100]. Y en su *Traité médico-philosophique sur l'aliénation mentale*, publicado en 1801, el médico francés Philippe Pinel advirtió un deterioro mental en algunos de sus pacientes psiquiátricos «cuando llega el clima frío de diciembre y enero»[101].

Donde más fuerte es esta sensación es en las altas latitudes de Escandinavia; allí, durante el invierno, la luz diurna dura solo unas horas o desaparece por completo. En la parte norte de Suecia, la de-

---

99. http://www.rug.nl/research/portal/files/3065971/c2.pdf.

100. De la página 5 de estos pasajes: http://www.five-element.com/graphics/neijing.pdf.

101. Citado en Russell Foster y Leon Kreitzman, *Seasons of Life*, Profile Books, Londres, 2009, pp. 200–201. [Hay versión española del libro de Pinel: *Tratado médico-filosófico de la enajenación mental o manía*, Ediciones Nieva, Madrid, 1988; la primera traducción española de esta obra data de 1804.]

presión invernal se conoce con el nombre de *lappsjuka*, «mal de los lapones». Jordanes, historiador del siglo VI, consignó ya en su tiempo los picos estacionales de entusiasmo y tristeza que aquejaban a los adogit, población que habitaba Escandinavia en aquella época. «Tener luz en pleno verano durante cuarenta días y cuarenta noches, a todas horas, y ninguna luz clara en invierno [...] Ninguna raza se le iguala en sufrimiento y ventajas», escribió[102].

Para la minoría de personas que sufre trastorno afectivo estacional (TAE), y para muchos otros que sufrimos hasta cierto punto la tristeza invernal, el invierno suele ser deprimente[103].

La historia moderna del TAE como síndrome data de finales de los años setenta, cuando Herb Kern, un ingeniero de sesenta y tres años bajito y con el pelo cortado al rape, se integró en un equipo de investigadores del National Institute of Mental Health (NIMH) de Maryland, que habían estado investigando cómo influye la luz en los ritmos biológicos.

Rebosante de energía y entusiasmo, Kern había estado registrando datos detallados sobre sus cambios de humor desde 1967, y estaba convencido de que tenían una pauta estacional que él relacionaba con la duración e intensidad de la luz del sol. Para confirmar su teoría, Kern se había integrado en la American Society of Photobiology y ya había hablado sobre sus cambios de humor con varios investigadores[104].

---

102. Foster y Kreitzman, *Seasons of Life*.

103. Según el *Manual diagnóstico y estadístico de trastornos mentales*, 5.ª edición (DSM-5), que es el manual que suelen utilizar los psiquiatras, el trastorno afectivo estacional es una subclase de depresión: depresión clínica con incidencia estacional. El diagnóstico coincide con el de la depresión clínica o trastorno bipolar (lo que antiguamente se llamaba psicosis maníaco-depresiva): la diferencia consiste en que los síntomas del TAE aparecen de manera temporal durante una estación; véase https://bestpractice.bmj.com/topics/en-gb/985.

104. Para tener una idea general de la historia del trastorno afectivo estacional yo sugeriría leer C. Overy y E. M. Tansey (eds.), *The Recent History of Seasonal Affective Disorder (SAD)*, transcripción de un «seminario testimonial» celebrado bajo los auspicios del History of Modern Biomedicine Research Group, de la Universidad Queen Mary de Londres, el 10 de diciembre de 2013; véase http://www.histmodbiomed.org/sites/default/files/W51_LoRes.pdf.

Dos investigadores del NIMH, Alfred Lewy y Stanford Markey, acababan de publicar un informe sobre un nuevo método de medir los niveles de melatonina en sangre: Kern quiso que le hicieran analíticas durante la primavera y el invierno, por si encontraban diferencias biológicas que pudieran estar relacionadas con sus cambiantes estados de ánimo[105].

Lewy y sus colegas sabían ya que la duración del día determinaba cambios estacionales en la biología de ciertos animales, y que era la duración de la secreción de melatonina (ese faro biológico de la noche) lo que decía al cuerpo en qué época del año estaba. Y acababan de poner de manifiesto que la secreción de melatonina se podía inhibir en los humanos cuando se exponían a una luz brillante.

Los investigadores respondieron a Kern con una propuesta: si las largas noches de invierno inundaban realmente su organismo de melatonina y contribuían a sus depresiones, acortar la duración de las secreciones, exponiéndolo a luz brillante por la mañana y a última hora de la tarde, debería eliminar la depresión.

Kern accedió a ser su cobaya y el invierno siguiente (durante su bajón anual) pasó a ser el primer humano que se sometía a un tratamiento con una caja de luz. Todas las mañanas, entre las 6 y las 9, recibía un baño de luz blanca, como si acabara de descorrer las cortinas en una despejada mañana primaveral. Este proceso se repetía a las 4 de la tarde, cuando en las calles ya estaba oscureciendo. Al cabo de tres o cuatro días el ánimo de Kern empezó a levantarse, y el décimo día se encontraba mejor.

Con ganas de saber cuántas personas más sufrían este extraño problema estacional, otro investigador, Norman Rosenthal, se puso en contacto con un reportero del *Washington Post*, que escribió un artículo sobre el tema. La respuesta del público fue impresionante: escribieron miles de personas, entre las que había una legión de voluntarios para futuros experimentos con la luz.

---

105. https://jamanetwork.com/journals/jamapsychiatry/article-abstract/494864.

Rosenthal cooperó con aquellas iniciativas. Nativo de Sudáfrica, llegó a Estados Unidos en 1976 e inmediatamente experimentó una sensación que nunca había tenido: un descenso de energía y dificultades para terminar las faenas cuando los días eran más cortos y oscuros. Cuando la nieve se derritió, se dio cuenta de que recuperaba el ánimo y se preguntó qué habría causado todo aquello durante los tres últimos meses. En aquel momento, la única explicación posible era la que le daban sus propios pacientes psiquiátricos, que decían cosas como: «¿Sabe una cosa? En la oficina todos están con la crisis de Navidad y tienen dificultades». Rosenthal ideó una nueva etiqueta para este aletargamiento y depresión estacionales: trastorno afectivo estacional. Había acuñado un síndrome.

En 1984 publicó un informe describiendo el caso de veintinueve pacientes —veintisiete de los cuales tenían trastorno bipolar— con un historial de síntomas depresivos en invierno que desaparecían durante la primavera y el verano[106]. De nuevo hubo una respuesta masiva del público:

«Era como si el problema hubiera estado ahí todo el tiempo, sin que nadie le pusiera una etiqueta ni lo diagnosticara», dice Anna Wirz-Justice, profesora emérita de neurobiología psiquiátrica de la Universidad de Basilea, que en aquel entonces trabajaba en el NIMH.

El TAE fue reconocido oficialmente en 1987 por la American Psychiatric Association, aunque actualmente casi todos los psiquiatras lo consideran una subclase de la depresión clínica o trastorno bipolar. Entre un 10 y un 20 por ciento de pacientes de ambas afecciones presentan una variación estacional en los síntomas, pero la depresión relacionada con el TAE tiene algunas características inusuales. Mientras que las personas con depresión general a menudo pierden el apetito y sufren de insomnio, las que tienen TAE suelen dormir y comer demasiado (el ansia de carbohidratos es muy común). Ade-

---

106. https://www.ncbi.nlm.nih.gov/pubmed/6581756.

más, la aparición de síntomas del TAE suele deberse a una menor exposición a la luz y no a acontecimientos vitales negativos.

Las estadísticas sobre la incidencia del TAE varían según el método utilizado para diagnosticarla, pero casi todos los estudios han utilizado una herramienta llamada Seasonal Pattern Assessment Questionaire (SPAQ), un cuestionario de evaluación que mide las variaciones estacionales relacionadas con el estado de ánimo, la energía, el trato social, el sueño, el apetito y el peso. Utilizando estos criterios, sufren TAE más del 3 por ciento de los europeos, el 10 por ciento de los norteamericanos y el 1 por ciento de los asiáticos. Parece que hay más mujeres afectadas que hombres, y las personas que emigran de latitudes más bajas a otras más altas también parecen más sensibles.

Como era de esperar, la incidencia del TAE varía significativamente con la latitud. Un estudio estadunidense descubrió una incidencia del 9,4 por ciento en el norte de Nuevo Hamphire, del 4,7 por ciento y el 6,3 por ciento en Nueva York y Maryland respectivamente, y del 4 por ciento en el cálido Estado sureño de Florida[107].

Muchas más personas sufren una forma suave de esta afección, llamada subsíndrome de TAE o melancolía invernal. En el Reino Unido, una de cada cinco personas asegura sufrir la melancolía invernal, pero solo el 2 por ciento sufre verdadero TAE[108]. De todos modos, calcular la verdadera incidencia es difícil, dada la naturaleza subjetiva de síntomas como el estado de ánimo y la apatía.

Así pues, en la química del cerebro hay diferencias durante las estaciones que pueden medirse. Por ejemplo, los niveles del neurotransmisor que regula el humor, la serotonina, son más altos en verano y más bajos en invierno en todas las personas, y la disponibilidad del triptófano, aminoácido necesario para sintetizar la serotonina, también fluctúa.

---

107. https://www.ncbi.nlm.nih.gov/pubmed/2326393.

108. https://www.ncbi.nlm.nih.gov/pmc/articles/PMC4673349/.

Entonces, ¿cuál es la causa de tales cambios? Hay varias teorías, ninguna definitiva. Una es que las personas podrían conservar el mismo mecanismo biológico que usan algunos mamíferos, como las ovejas, para seguir el ritmo de las estaciones. El cuerpo de los animales responde a los cambios en la secreción de melatonina por la noche. Desde el punto de vista evolutivo, tendría lógica estar más aletargados y deprimidos durante los meses más fríos, pues sería una forma de conservar energía cuando la comida es menos abundante.

Otra teoría es que las personas con TAE responden menos a la luz, lo que quiere decir que cuando los niveles de luz caen por debajo de cierto umbral, sobre todo si los aquejados pasan mucho tiempo en interiores, se esfuerzan por sincronizar sus relojes circadianos con el mundo exterior.

Sin embargo, la teoría más aceptada es la del «desfase»: la idea de que, como en invierno amanece más tarde, nuestro ritmo interno se atrasa y ya no coincide con el momento de dormir y despertar. La exposición a la luz artificial por la noche podría retrasarnos aún más. El ánimo de la mayoría de las personas sigue un marcado ritmo circadiano: tenemos tendencia a despertarnos gruñones y con el paso de las horas nos volvemos más simpáticos, y nuestro humor cae de nuevo por la noche. Si esta pauta no está en consonancia con el momento real del día, podría haber etapas de mal humor en pleno día. Si nuestros cuerpos estuvieran aún en «modo noche» cuando despertamos, podríamos sentirnos más cansados y deprimidos (otro síntoma habitual del TAE). Partidario de esta idea, Lewy ha revelado que muchas personas con TAE tienen atrasado el ritmo circadiano. Como la brillante luz matutina adelanta el ritmo circadiano e inhibe la melatonina, esto podría explicar su efecto antidepresivo.

Los recientes estudios sobre cómo los pájaros y los mamíferos pequeños responden a la variable duración del día han arrojado luz adicional sobre el tema. Según Daniel Kripke, profesor emérito de psiquiatría de la Universidad de California en San Diego, cuando la melatonina llega al hipotálamo, altera la síntesis de la hormona tiroidea activa, una sustancia que regula todo tipo de conductas y procesos corporales, incluida la producción de serotonina, que también desempeña un papel bien conocido en regular el humor.

«Como en invierno amanece más tarde, se atrasa el momento matutino en que la glándula pineal deja de secretar melatonina —dice Kripke—. Según estudios con animales, parece que tener un nivel de melatonina alto inmediatamente después de despertar podría inhibir radicalmente la síntesis de la hormona tiroidea activa, y cuando baja el nivel tiroideo en el cerebro, hay cambios estacionales en el humor, el apetito y la energía.»

Es muy posible que intervengan muchos de estos factores, aunque las relaciones exactas no se hayan determinado todavía totalmente. Claves ambientales, como la duración del día y el estado del cielo, podrían alterar directamente la química del cerebro, pero también podrían desempeñar algún papel los factores psicológicos, como nuestra forma de responder a estos cambios y nuestra actitud general hacia el invierno.

Al margen de lo que cause la depresión invernal, la luz brillante (sobre todo cuando se recibe por la mañana) parece que anula los síntomas.

* * *

Mientras que está demostrado que recibir luz brillante por la mañana es una solución para la melancolía invernal de unas personas, otras han adoptado medidas más radicales.

Los habitantes de Escandinavia están entre los seres humanos que viven más al norte del mundo. La décima parte de los noruegos vive en el Círculo Polar Ártico, donde el sol no sale en invierno[109]. Incluso en ciudades más meridionales como Copenhague o Malmö (sur de Suecia), los días invernales duran siete horas.

---

109. https://www.arctic-council.org/index.php/en/about-us/member-states/norway.

No es de extrañar que Escandinavia lleve tiempo empeñada en resolver la melancolía invernal, así que fui allí para averiguar cómo se enfrentaban las personas normales a las largas noches de invierno y para conocer a algunos de los expertos que investigaban las soluciones.

Los habitantes de Rjukan, pueblo del sur de Noruega, tienen una relación compleja con el sol.

«No conozco ningún otro lugar donde se hable tanto del sol; sobre todo cuando reaparece y si hace mucho tiempo que no lo han visto —dice el pintor Martin Andersen—. Están un poco obsesionados con él.»

Posiblemente sea, especula, porque en un día despejado de invierno se ve la luz del sol en lo alto de la pared norte del valle:

«Está muy cerca, pero no puedes tocarla», dice. Conforme avanza el otoño, la luz del sol va subiendo por esa pared día tras día, como si fuera un calendario que marcara los días que faltan para el solsticio de invierno. Y cuando llegamos a enero, febrero y marzo, el sol vuelve a bajar lentamente, centímetro a centímetro, hasta que el pueblo finalmente sale de las sombras.

Andersen no se había planteado ser buscador de luz solar. Cuando se mudó a Rjukan en agosto de 2002 solo buscaba un lugar temporal para instalarse con su pareja y su hija de dos años, Sappho; un lugar que estuviera cerca de la casa de sus padres y donde pudiera ganar algún dinero. Se sintió atraído por la geografía: un pueblo de unos 3.000 habitantes encajonado entre dos altas montañas, el primer lugar realmente alto al que se llega cuando se viaja al oeste de Oslo.

Pero, cuando el verano dio paso al otoño, Martin se vio empujando el cochecito de su hija y adentrándose cada vez más en el valle, en busca de la huidiza luz solar: «Lo sentía físicamente; no quería estar a la sombra».

La fuga del sol lo dejó melancólico y aletargado. Aún salía y se ponía cada día y daba alguna luz (a diferencia de lo que sucede en el extremo septentrional de Noruega, donde en esa época es de noche durante meses), pero el sol nunca ascendía lo suficiente para ser visible ni arrojar sus dorados rayos por encima de las cumbres del valle. Rjukan es un lugar gris y aburrido en invierno. Ojalá existiera alguien capaz de traernos algo de sol aquí, pensaba Martin.

A casi todas las personas que viven en latitudes templadas les resultará familiar el desánimo que sentía Martin cuando veía desvanecerse la luz otoñal y la llegada del invierno, y su anhelo de sol. Hay algo en el insulso y melancólico paisaje gris del invierno que parece traspasarnos la piel y calarnos el espíritu. Pero a pocos se les ocurriría construir espejos gigantes por encima del lugar donde viven, con objeto de recuperar el sol.

Rjukan se edificó entre 1905 y 1916, cuando un empresario local llamado Sam Eyde compró la catarata local y construyó una central eléctrica. Luego se levantaron fábricas de fertilizante artificial. Pero los directores de estas industrias tenían que esforzarse por mantener a los empleados allí, a causa de lo oscuro que era el valle.

Cuando llegué el pueblo a principios de enero, me quedé boquiabierta al ver el Gaustatoppen, que tiene fama de ser la montaña más hermosa de Noruega. Pero en el fondo del valle, a pesar del despejado cielo azul, la luz es débil y hace un frío muy desagradable. De súbito, en la ladera de la montaña de enfrente, vi un brillante relámpago: eran los *solspeilet* (espejos solares).

Fue un contable llamado Oscar Kittilsen el primero al que se le ocurrió la idea de construir grandes espejos rotatorios en la parte norte del valle, desde donde podrían «captar la luz del sol y proyectarla como una lámpara sobre las casas de Rjukan y sus felices habitantes».

Un mes después, el 28 de noviembre de 1913, un artículo del periódico decía que Eyde apoyaba la idea, aunque para materializarla tendrían que transcurrir cien años. En 1928 Norsk Hydro construyó, en cambio, un teleférico que regaló al pueblo, para que sus habitantes pudieran subir a tomar un poco de sol en invierno. En lugar de llevar el sol a la gente, subió a la gente hacia el sol.

Andersen no sabía nada de esto en el año 2002, cuando se le ocurrió lo de levantar espejos para remediar la oscuridad. Sin embargo, tras recibir una pequeña subvención del ayuntamiento para desarrollar la idea, descubrió que no era la primera persona a la que se le había ocurrido iluminar el pueblo de aquel modo, aunque los visionarios que lo habían precedido ya hacía tiempo que habían fallecido. Empezó a desarrollar planes concretos: un espejo colocado de tal forma que fuera girando para captar los rayos de sol (como hacen los girasoles) y orientar el reflejo hacia la plaza central de Rjukan.

Los tres espejos, cada uno de 17 metros cuadrados, se erigen orgullosamente sobre la montaña a cuyo pie está el pueblo. En enero, el sol asciende solo lo suficiente para iluminar la plaza entre mediodía y las 2 de la tarde. Pero cuando llega, el haz es dorado y agradable. Al ponerme al sol después de pasar horas a la sombra, recordé lo mucho que determina nuestra percepción del mundo. De repente, los colores eran más vibrantes, el hielo del suelo centelleaba y aparecían sombras donde antes no había habido ninguna. Al cabo de un segundo, me sentí transformada en uno de aquellos «moradores felices» que había imaginado Kittilsen.

* * *

Malmö se encuentra a unos quinientos kilómetros al sur de Rjukan, más o menos en la misma latitud que Edimburgo. Se calcula que el 8 por ciento de los suecos tiene TAE y otro 11 por ciento padece la melancolía invernal. Aunque los días cortos y las noches largas pasan factura a casi todos los habitantes de la península escandinava.

A raíz de los tempranos experimentos de Herb Kern, empezó a aumentar el interés entre los psiquiatras por el potencial de la luz brillante como terapia del TAE. Suecia lo adoptó enseguida con entusiasmo, aunque fue un paso más allá, vistiendo a los pacientes con ropas blancas y enviándolos a salas comunes iluminadas.

Baba Pendse, psiquiatra de Malmö, recuerda que a finales de la década de 1980 visitó, con un grupo de jóvenes colegas, una de las primeras salas iluminadas de Estocolmo:

«Después de pasar un rato en la sala, todos empezamos a sentirnos muy animados», dice. Intrigado por esta reacción, se puso a investigar en profundidad la terapia lumínica y en 1996 abrió su propia clínica de fototerapia en Malmö.

Cuando visité a Pendse, un día gris de enero, me enseñó la clínica y me invitó a recibir una sesión.

La *ljusrum* (sala luminosa) contiene doce sillas y taburetes blancos, cubiertos con una toalla blanca y agrupados alrededor de una mesa de centro blanca. En la mesa hay tazas blancas, servilletas y azucarillos. El único objeto de la sala que no es blanco es un bote de café instantáneo. La habitación es cálida y las luces emiten un débil zumbido.

Cerca de cien pacientes con TAE utilizan la sala cada invierno; al principio contratan diez sesiones matutinas de dos horas, a razón de una cada día laboral durante dos semanas. A veces la lista de espera es larga, sobre todo a finales del otoño, cuando empiezan a surgir los síntomas de TAE. Pendse siempre ofrece a sus pacientes la posibilidad de elegir entre fototerapia y antidepresivos, aunque, «a diferencia de los antidepresivos, la fototerapia tiene un efecto inmediato», dice. Y numerosos estudios apoyan la idea de que la terapia lumínica es al menos tan efectiva como las pastillas contra el TAE. También hay cada vez más indicios de que altera activamente la química cerebral como un medicamento.

* * *

Por supuesto, no se necesita un experimento controlado con placebo para saber que bañarse en luz brillante sienta bien: y, como vimos en el capítulo anterior, la radiación ultravioleta del sol también activa endorfinas en la piel. No es casualidad que las playas de Tailandia y otros destinos soleados estén abarrotadas de escandinavos entre noviembre y marzo, ni que algunas personas que toman el sol acaben teniendo adicción al bronceado.

Pero, al margen de las cajas de luz y las salas de terapia, es posible que los escandinavos hayan dado con otra forma de experimentar esa especie de embriaguez morfinoide cuando el sol no está, y con una potente defensa contra la melancolía invernal.

Durante los últimos treinta años aproximadamente, Lars-Gunnar Bengtsson viene visitando la Ribbersborg Kallbadhus de Malmö casi cada día, incluso dos veces al día en invierno, ahora que se ha jubilado.

«Es la mejor época del año para ir —explica—, porque el subidón de endorfinas que se siente al pasar de los 85 °C de la sauna a los 2 °C del agua es mucho más fuerte. Entonces es cuando se siente de verdad.»

Los escandinavos llevan tomando baños de vapor más de mil años, y los arqueólogos han descubierto recientemente lo que podría ser una sauna de la Edad del Bronce en la remota isla escocesa de Westray, en las Orcadas. Investigaciones con ratas han descubierto en el cerebro un grupo de neuronas que liberan serotonina en respuesta al aumento de la temperatura corporal, y que están conectadas con un área que regula el estado de ánimo, lo que podría ayudar a explicar por qué estar en una sauna es tan placentero. Además, se sabe que, al igual que la luz solar, las saunas estimulan la liberación de óxido nítrico, que al parecer potencia la salud cardiovascular: en un estudio japonés de pacientes con insuficiencia cardíaca, las saunas regulares mejoraban la capacidad del corazón para impulsar la sangre y aumentaba la distancia que los pacientes podían recorrer andando sin ayuda.

La Ribbersborg Kallbadhus combina el calor intenso con el frío extremo. Sus edificios de madera están construidos sobre una crujiente plataforma que se adentra en el mar verde acero, y tanto las zonas masculinas como las femeninas contienen un sector de agua de mar, al que se accede por unos peldaños de madera.

Un cliente habitual describía la sauna mixta de Ribbersborg del siguiente modo: «Es como un *pub* inglés, pero sin alcohol, y donde todo el mundo va desnudo». Un cliente habitual al que llamaban «el sacerdote desnudo» escribía una columna en el periódico local donde comentaba las conversaciones que oía en la sauna. En cierta ocasión contó que era «el lugar más democrático de la tierra», porque, cuando cada cual se sienta desnudo en la sauna, se representa solo a sí mismo y no el papel que tiene en la sociedad.

Desde luego, la sauna es un lugar social. Allí fue donde conocí a Lars-Gunnar: entablamos una conversación sobre la historia de la sauna, mientras yo estaba pendiente de mí misma, una británica a medio vestir rodeada de hombres en cueros y sudorosos.

La gente suele ser menos sociable en invierno, y me pregunto si el sentimiento comunitario no será un nido de seguridad emocional para los que se sienten algo tristes. Posiblemente sea otra forma de pasar el invierno en esta latitud. Bengtsson, ciertamente, lo cree así:

«Los habituales vienen casi cada día: te haces amigo de ellos; hablas y escuchas lo que cuentan de su vida y sus problemas. Si alguien no viene un día, nos preguntamos dónde estará; y a veces uno coge una bici para ir a ver si está bien».

La embriaguez que se experimenta al pasar del calor intenso al frío helado es, sin duda, otra gran atracción. Como tomar el sol, se sabe que el agua fría dispara la liberación de betaendorfinas. También libera una dosis de la hormona que prepara para «luchar o huir», la adrenalina, que temporalmente mitiga el dolor, acelera el corazón y produce una sensación de júbilo.

Cuando abro la puerta de la sauna y paso a la plataforma de madera, siento una ráfaga de aire ártico. El agua parece de consistencia aceitosa, como si el frío la hubiera condensado y estuviera a punto de helarse. Flota en el aire un fuerte olor a algas y a sal, por no hablar de las enormes y amenazantes gaviotas.

Respiro hondo, me quito la toalla y desciendo desnuda por los peldaños. El agua es dolorosamente fría, así que me muevo con rapidez y noto que el corazón se me acelera cuando me sumerjo hasta la cintura, luego hasta los pechos y después hasta el cuello. Salgo enseguida, sintiendo un dolor punzante por toda la piel, que es rápidamente reemplazado por una sensación de entumecimiento, y luego una descarga: la maravillosa sensación de ser acariciada por diminutos copos de nieve y de estar en paz con el mundo. En cuanto se me pasa, estoy deseando repetir.

Cuando medio en broma sugiero a Bengtsson que a lo mejor es adicto a las saunas, afirma con expresión seria:

«Hablé con un médico que trabaja con adictos a la heroína; me dijo que en el cerebro pasa lo mismo que cuando entras en la sauna. La diferencia es que lo que aquí produce esa sensación de felicidad y de estar en paz con el mundo son nuestras endorfinas».

* * *

En algunas partes de Escandinavia la gente no ve la luz del día durante varios meses al año. La inclinación del eje de la tierra es tal que, incluso cuando las zonas polares tienen el sol delante durante el día, no reciben ninguna luz directa por encima del horizonte. ¿Cómo pueden soportar este crepúsculo interminable?

En el caso de la ciudad noruega de Tromsø, a unos 400 kilómetros al norte del Círculo Ártico, parece que lo llevan muy bien. El invierno en Tromsø es oscuro, el sol ni siquiera se eleva en el horizonte entre el 21 de noviembre y el 21 de enero. Y a pesar de estar tan al norte, los estudios no han encontrado diferencia alguna entre los porcentajes de depresión en invierno y en verano.

Una posibilidad es que esta aparente resistencia a la depresión invernal en estas duras latitudes sea algo genético. Islandia también parece haber resistido la tendencia al TAE: tiene una media de 3,8 por ciento, que es más baja que la de muchos países situados más al sur[110]. Y entre los canadienses de ascendencia islandesa que viven en la región de Manitoba, la media de TAE es cerca de la mitad de la de los canadienses que no descienden de islandeses y

110. https://www.ncbi.nlm.nih.gov/pubmed/8250679.

que viven en el mismo lugar[111]. Aun así, los islandeses tienen una palabra para describirlo: *skammdegisthungndi*, el mal humor de los días cortos[112].

Una explicación de esta resistencia a la oscuridad es la cultura.

«Por decirlo pronto y bien, parece que aquí viven dos clases de personas —dice Joar Vittersø, un investigador de la felicidad de la Universidad de Tromsø—. Un grupo trata de conseguir otro trabajo más al sur lo antes posible; el otro, se queda.»

Ane-Marie Hektoen creció en Lillehammer, en el sur de Noruega, pero se mudó a Tromsø hace treinta y tres años con su marido, que se había criado en el norte.

«Al principio encontraba la oscuridad muy deprimente; no estaba preparada para ella, y al cabo de unos años necesitaba una caja de luz para superar algunas dificultades —confiesa—. Pero con el tiempo, mi actitud hacia la temporada de oscuridad ha cambiado. La gente que vive aquí la ve como una temporada acogedora. En el sur, el invierno es algo que tienes que sufrir, pero aquí la gente aprecia la luz diferente que recibes en esta época del año.»

Entrar en casa de Ane-Marie es como transportarse a una versión del invierno propia de un cuento de hadas. Hay pocas lámparas en el techo, y de las que hay cuelgan cristales que desperdigan la luz por todas partes. La mesa de desayuno se ilumina con velas y el interior está decorado con colores pastel rosa, azul y blanco, haciéndose eco de los suaves colores de la nieve y el cielo invernal del exterior. Es el ideal del *kos* o *koselig*, la versión noruega de *hygge*, la sensación danesa de lo cálido y acogedor.

El período que va del 21 de noviembre al 21 de enero se conoce en Tromsø como noche polar, el período oscuro, pero durante varias horas al día no es oscuro del todo, estrictamente hablando, sino más bien como un crepúsculo. La abundancia de nieve hace además que

---

111. http://journals.sagepub.com/doi/10.1177/070674370204700205.

112. Overy y Tansey (eds.), *The Recent History of Seasonal Affective Disorder* (SAD), 2013.

toda la luz que hay se refleje hacia arriba, tiñendo de rosa suave las casas de madera pintadas de blanco.

Incluso cuando se hace oscuro del todo, la gente está activa: sacan a pasear al perro con esquís o corren con linternas frontales, y los niños no dejan de deslizarse en trineo y jugar en los parques inundados de luz.

Este modo de pensar tan optimista frente al frío y la oscuridad parece distinguir a Tromsø de toda la zona sur de Noruega. Kari Leibowitz, psicóloga de la Universidad de Stanford, pasó diez meses aquí entre 2014 y 2015, tratando de descubrir cómo se las arreglaba la gente, e incluso disfrutaba, durante los fríos y oscuros inviernos. Junto con Vittersø ideó un «cuestionario de mentalidad invernal» para evaluar la actitud de la gente frente al invierno en Tromsø, Svalbard y la zona de Oslo[113].

«Descubrimos que cuanto más al norte íbamos, más optimista era la actitud de la gente —dice—. En el sur, a la gente no le gusta tanto el invierno. Pero, en general, el gusto por el invierno estaba relacionado con una mayor satisfacción vital y con el deseo de resolver problemas que conducen a un mayor crecimiento personal[114].»

* * *

Los habitantes por excelencia del extremo norte, la población sami, también aceptan las diferencias entre las estaciones y no intentan mantener la misma pauta de actividades y conducta a lo largo de todo el año.

Ken Even Berg es un guía sami de casi treinta años que creció en el pueblo de Karasjok, a unos 300 kilómetros al este de Tromsø, cerca de la frontera norte de Finlandia. Desde muy joven ha llevado un

113. https://theconversation.com/a-small-norwegian-city-migh-thold-the-answer-to-beating-the-winter-blues-51852.

114. Kari Leibowitz, conversación con la autora.

estilo de vida tradicional y trashumante, en pos del rebaño de renos desde los pastos de invierno, cerca de Karasjok, hasta las dehesas de verano, cerca de la costa. El desplazamiento tardaba unos diez días en primavera y diez semanas en otoño, y durante ese tiempo los pastores dormían en tiendas y seguían a la manada en motos de cuatro ruedas.

«Para los sami no importa tanto la luz y la oscuridad como cuándo se mueven los renos», dice. Porque los renos no tienen ritmo circadiano, puede ocurrir en cualquier momento del día o de la noche: «Se mueven un poco, luego comen otro poco y luego duermen otro poco», dice.

Y así, los sami viven según las estaciones. En primavera suelen dormir durante el día, porque la nieve está más blanda y dificulta la movilidad de los renos. Por la noche, el terreno está duro como una piedra y es cuando más viajan.

El verano es época de faenas, como reparar cercas y comprobar que las nuevas crías están bien. También es la estación en que la gente está más animada y sociable. Septiembre es la época de reunir a las crías y llevarlas al mercado; luego es el momento de comenzar la migración hacia el este, que tiene más dificultades según se acortan los días. (El otoño también parece una época divertida para los renos, la celebran atracándose de hongos alucinógenos, y van dando tumbos como adolescentes borrachos.)

El invierno es un momento más calmado, los pastores regresan a la casa familiar y las noches largas y oscuras vuelven a todo el mundo apático y menos sociable.

«No me apetece salir a reunirme con la gente en invierno, así que me quedo en casa», dice Berg. Esta fluctuación de las conductas estacionales y la parada anual del invierno se aceptan desde siempre como parte de la forma tradicional de vida de los sami.

¿Quiere decir esto que adoptar una actitud más optimista y tolerante con el invierno podría ayudar a otros que sufren el TAE o la melancolía invernal? Kelly Rohan, profesora de psicología en la Universidad de Vermont, está convencida. Recientemente ha publicado varios artículos sobre la comparación de la terapia cognitivo-conductual (TCC) con la fototerapia para el tratamiento del TAE, y en los mismos expone que las dos fueron equiparables a grandes rasgos durante el primer año de tratamiento[115]. A largo plazo, la TCC era incluso más efectiva que la otra[116]. Al centrarse en la actitud hacia el invierno, en lugar de centrarse solamente en sus síntomas, la TCC rompe la dinámica del pensamiento pesimista. En el caso del TAE, podría consistir en sustituir expresiones como «Detesto el invierno» por «Prefiero el verano al invierno»; o «No puedo hacer nada en invierno» por «Me cuesta más hacer cosas en invierno, pero si lo planifico y me esfuerzo, seguro que puedo», explica Rohan.

«No discuto que haya un fuerte componente fisiológico en el TAE, y ciertamente está ligado al ciclo luz-oscuridad —dice—. Pero sí que discuto que la persona tiene control sobre cómo responde y se enfrenta al problema. Puedes cambiar la actitud y la conducta para sentirte un poco mejor en esa época del año.»

Buscar cosas que hacer en invierno —ir a la sauna, bañarse en agua helada o, simplemente, acomodarse frente al fuego con un buen libro— podría ser pues una forma efectiva de hacer frente a la melancolía invernal. Y si podemos encontrar actividades invernales atractivas que nos hagan salir y aprovechar los efectos estimulantes y tonificantes de la luz del día, mucho mejor.

115. En términos generales, la TCC y la fototerapia eran equiparables en el sentido de que reducían los síntomas del TAE, pero algunos síntomas (problemas para dormir, modorra exagerada, ansiedad, aislamiento social) se reducían más aprisa con la fototerapia; véase https://www.ncbi.nlm.nih.gov/pubmed/29659120.

116. https://www.ncbi.nlm.nih.gov/pubmed/26539881.

7

El sol de medianoche

El cielo es azul claro y el sol brilla con todo su esplendor cuando mi madre y yo vamos andando hacia Dowth entre la hierba y las semillas de sicomoro: el túmulo encantado de la oscuridad. Estoy aquí para experimentar por mí misma qué sentían los antiguos adoradores del sol en el día más oscuro y corto del año.

Más antigua que las pirámides egipcias y contemporánea de las primeras etapas de Stonehenge, Dowth es una tumba que forma parte del grupo de cámaras funerarias, túmulos y círculos de piedra que se construyeron en el valle del Boyne, en Irlanda, alrededor del año 3.200 a.C. Los tres túmulos más grandes, Newgrange, Knowth y Dowth, están alineados con la salida o la puesta del sol en momentos clave del año, y están decorados con pinturas rupestres que, en algunos casos, lo representan.

Las entradas de Newgrange y Dowth están alineadas con el amanecer y el ocaso del solsticio de invierno, mientras que Knowth está alineada con los equinoccios de primavera y otoño. Esto podría ser una coincidencia si no fuera porque en Newgrange hay una abertura que llaman el tragaluz que —durante 17 minutos el día más corto del año— permite que la luz del sol naciente recorra los 19 metros del estrecho y bajo pasadizo y penetre en la cámara del final, iluminando un dibujo de tres espirales que parece el sol y que está grabado en la pared rocosa del fondo.

Acceder al espectáculo anual de Newgrange es, literalmente, una lotería: todos los años miles de visitantes compiten por un pequeño puñado de lugares para ver el amanecer del solsticio de invierno, y yo no estuve entre los afortunados ganadores. Sin embargo, poca gente sabe que en Dowth tiene lugar un fenómeno parecido y que en esta tumba, al menos, se puede entrar el atardecer del solsticio de invierno para ver la puesta de sol.

A diferencia de lo que sucede en Newgrange, allí no llegan los autobuses turísticos, ni hay un deslumbrante centro de visitantes para indicar la situación de Dowth; solo unos escalones de madera y un pequeño cartel en el herboso borde de un camino rural irlandés.

El túmulo se eleva desde la tierra como un vientre embarazado. Plagado de aulagas y zarzas, no parece un portal para renacer, que, según una teoría, es para lo que fue creado. En la base del túmulo doblamos a la izquierda instintivamente, avanzando en el sentido de las agujas del reloj (y del movimiento del sol) para rodearlo. A medio camino encontramos una piedra con símbolos circulares que se grabaron con martillo y cincel hace 5.200 años. Es como si los siete soles los hubiera dibujado un niño, con los rayos saliendo de un círculo central. Cinco están insertos en otro círculo, dándole el aspecto de una rueda. Posiblemente sean imágenes del sol en diferentes períodos del año. Otros han sugerido que no son soles, sino las Pléyades o Siete Hermanas, un brillante grupo de estrellas en la constelación de Tauro, visible solo durante los meses de invierno, que podría haber estado asociado con el luto y la muerte.

Seguimos rodeando la base y por fin encontramos la sencilla entrada de piedra a la tumba, que se encuentra en su mismo centro. Hay barro alrededor y la moderna verja de hierro está abierta, invitándonos a entrar. Tengo que doblarme por la cintura para pasar por el estrecho pasadizo, en medio de una oscuridad total. Tropiezo con una piedra redonda y una mano enguantada coge la mía y tira de mí hacia la izquierda, hasta una cámara negra como la pez, situada en el corazón del túmulo.

Me saluda una voz femenina con fuerte acento irlandés. Es Clare Tuffy, encargada del centro de visitantes de Brú na Bóinne, a quien había conocido aquella misma mañana, en la celebración del solsticio de invierno de Newgrange. La cámara donde nos encontrábamos es circular y está flanqueada por grandes bloques de piedra, algunos con más muestras de arte neolítico. A la derecha hay otra cámara, más pequeña, donde hay personas examinando con linternas algunos de estos símbolos. Me recuerdan las numerosas cuevas francesas y españolas decoradas con pinturas rupestres del paleolítico, que nuestros antepasados adoraban como lugares sagrados. A pesar de ser un refugio para los difuntos, el interior es sorprendentemente cálido y acogedor, como si realmente estuviéramos dentro de un útero y no en una tumba.

A las dos de la tarde empieza el acontecimiento que estábamos esperando. Un haz de luz empieza a penetrar en la cámara por el pasillo. La luz tiene un matiz dorado y forma un ancho rectángulo en el suelo que crece y se arrastra poco a poco conforme el sol desciende en el cielo. La luz del astro tropieza con unas coníferas que arrojan delicadas sombras que bailan y parpadean en el suelo. A las tres de la tarde, una hora antes de la puesta del sol, la luz incide en una serie de grandes piedras que hay en la pared del fondo, iluminando las marcas que hay grabadas en ellas y que tienen forma de copa, de garabatos ondulados y espirales que parecen soles. Una piedra de superficie convexa refleja el haz de luz solar y lo proyecta hacia un entrante en forma de cuña donde hay grabadas una «rueda» solar y una espiral. Oigo un murmullo sobrecogido y nos quedamos en silencio, observando el bailoteo de las sombras, hasta que a las tres y media el haz de luz empieza a retirarse de la cámara, sumiéndola otra vez en la oscuridad.

Este fenómeno se produce en Dowth desde finales de noviembre hasta mediados de enero, pero la luz es más intensa en el solsticio de invierno, cuando el sol está en su trayectoria más baja. Sobre el motivo por el que nuestros antepasados construyeron este lugar solo podemos proponer conjeturas. Es probable que la puesta en escena no estuviera destinada a los vivos, sino que fuera una señal para anunciar a los muertos que había llegado el momento de dejar la tumba: y si a ello vamos, el viaje hacia la luz por el oscuro pasadizo tiene mucho de nacimiento. También coincide con los testimonios de supervivientes de experiencias cercanas a la muerte, que a menudo describen la presencia de una luz o la sensación de que avanzan por un corredor o túnel. Quizá nuestros antepasados creían que el sol funcionaba como un guía del más allá, o que si los muertos lo seguían también renacerían, igual que el sol renace en esta época del año. Ciertamente, el solsticio de invierno debía de ser una época de gran esperanza: de que la luz triunfaría sobre la oscuridad, de que la vida derrotaría a la muerte.

Acabado el invierno, casi todos damos la bienvenida a los días más largos que traen la primavera y el verano, previendo un cambio en nuestro ánimo y nuestros niveles de energía, además de un clima más benigno. En los países escandinavos sobre todo, la celebración del solsticio de verano rivaliza con la Navidad, la gente se reúne la víspera de san Juan para cantar canciones, encender hogueras y estar de fiesta toda la noche. También en muchos países europeos se encienden grandes hogueras esa noche: tradicionalmente, el solsticio de verano era visto como un momento mágico y se creía que estas hogueras alejaban el mal y protegían las cosechas. En ciertas zonas de Inglaterra y Francia, la víspera del solsticio se encendían grandes ruedas y se arrojaban pendiente abajo hacia un río; no parece probable que el parecido de las ruedas con el sol sea una casualidad. El lugar donde acababan vaticinaba la suerte de la comunidad para el año siguiente.

El solsticio de verano es el momento en que el sol llega a su cenit; es cuando muchas cosechas empiezan a madurar y las plantas a dar fruto. Es también la época en que muchos nos sentimos más contentos y sociables. Pero los largos días de verano traen sus propios problemas: así como poca luz es malo para la salud, demasiada también es un problema.

Se dice que en verano la luz de las regiones polares no es comparable a ninguna otra luz del mundo.

«Te drogas con ella, como cuando escuchas una de tus canciones favoritas. Allí la luz es una sustancia que estimula el ánimo», escribió el alpinista estadounidense Jon Krakauer, que subió al pico más alto de la Antártida, Mount Vinson, en verano de 2001[117].

En algunos casos, el aumento de luz puede ser mortal. Se tiende a creer que la media de suicidios es más alta en pleno invierno, sobre todo en los países de latitudes altas que tienen los días más cortos. Pero aunque los Samaritans, organización británica de ayuda a los posibles suicidas, reciben más llamadas alrededor de Navidad, los suicidios y sobre todo los suicidios violentos, como ahorcarse, pegarse un tiro o saltar de un puente, se producen más en mayo y junio en el hemisferio norte[118]. Es una pauta estacional que se ha comprobado en numerosos estudios y en diferentes países, desde Finlandia hasta Japón y Australia. Generalmente, cuanto más al norte está el país, más suicidios hay en general y mayor es la diferencia entre estaciones.

Un hombre al que entrevisté para escribir este libro asegura que piensa habitualmente en tirarse desde el puente peatonal que hay en el río Misisipí y por el que pasa todos los días, y que sus ideas suicidas se intensifican en primavera, cuando ve cómo se transforma el ánimo de otras personas.

«Si tienes tendencias suicidas y ves el renacer de la vida en primavera, el regreso de los pájaros, la felicidad de los demás con el sol y el calor, mientras tú sigues pensando en el suicidio..., se intensifican los pensamientos de "nada va a cambiar" y "nunca seré feliz como los demás"», me contó.

Sin embargo, otros actos impulsivos, como las agresiones y los asesinatos, también se incrementan con el alargamiento de los días, y

---

117. http://www.pbs.org/wgbh/nova/earth/krakauer-in-antarctica.html.

118. Foster y Kreitzman, *Seasons of Life*, p. 221.

no parece que estén relacionados con la mejora general del humor de la gente.

Una teoría es que estas acciones están determinadas por los niveles de serotonina en el cerebro, que aumentan cuando los días se alargan. Aunque esto parece ilógico en principio, porque la serotonina se asocia con el buen humor, los antidepresivos ISRS (inhibidores selectivos de la recaptación de serotonina), que también potencian la serotonina[119], se han asociado con un mayor riesgo de suicidio durante las primeras semanas de administración. Normalmente, se necesitan de tres a cuatro semanas para que la mejoría surta efecto; en el ínterin, algunas personas parecen volverse físicamente más activas y agitadas, lo que podría aumentar su tendencia a obrar, suicidándose o comportándose agresivamente.

Los largos días estivales y llenos de luz también pueden disparar la hiperactividad, la euforia y las obsesiones en las personas sensibles a ellas, pero también la irritabilidad, la angustia, la paranoia y los delirios. Incluso empieza a haber indicios de que estos síntomas pueden mejorarse convenciendo a los individuos para que permanezcan en una habitación oscura entre las 6 de la tarde y las 8 de la mañana.

¿Y las personas no afectadas por enfermedades depresivas? Parece que estos cambios en la disponibilidad de la serotonina y otros productos químicos del cerebro que dependen de una mayor exposición a la luz también afectan a las personas sanas, y esto podría explicar por qué casi todos nos sentimos más activos, despiertos y sociables durante los meses más luminosos. Y, como aprendimos en el último capítulo, la mayor disponibilidad de luz matutina inhibe cualquier melatonina residual, lo que podría ayudar a explicar por qué nos sentimos más despiertos durante las mañanas estivales.

Sin embargo, las largas veladas crepusculares y las mañanas deslumbrantes pueden desencadenar otro problema: el insomnio. Se ha

---

119. Bloquean la recaptación de serotonina, es decir que la retienen más tiempo en las sinapsis y, en consecuencia, producen otros efectos.

demostrado que el momento de despertar tiende a coincidir con el amanecer, al menos hasta que los relojes cambian de hora para ahorrar luz diurna, dinámica que desbarata el sistema ajustado a la luz natural. Así que es normal despertarse un poco antes de que haya luz en el exterior. Normalmente, también nos vamos a la cama un poco antes, así que nos volvemos un poco más gallinas durante el verano, aunque la cantidad de horas que dormimos sea ligeramente inferior.

De todos modos, demasiada luz en el dormitorio puede dificultar dormir o seguir durmiendo, lo que significa que la cantidad de sueño que conseguimos es menor. Algunos indicios sugieren que algunas personas podrían ser más sensibles que otras a los efectos perturbadores de la luz por la noche, por ejemplo los varones y personas en general con ojos azules o verdes[120].

Los problemas de una exposición prolongada a la luz brillante son quizá más sorprendentes en los puntos extremos de la tierra; en la Antártida, los problemas del sueño son tan comunes que los trabajadores tienen un nombre particular para el estado de delirio que causan: «Ojo Grande».

«Tienes unos días increíbles, brillantes e intensos, que en verano duran 24 horas», dice Chris Turney, un científico británico que hace frecuentes viajes a la Antártida y a la región subantártica para recoger muestras de hielo para la investigación climática. Esta luz constante puede ser tan desorientadora para la percepción del tiempo como la oscuridad continua. Poco antes de fallecer, en 1912, el capitán Robert Falcon Scott, el célebre explorador de la Antártida, admitió en su diario que había perdido la noción del tiempo mientras él y sus compañeros arrastraban los trineos por las blancas llanuras.

---

120. S. L. Chellappa y otros, «Sex differences in light sensitivity impact on brightness perception, vigilant attention and sleep in humans», *Scientific Reports* 7, artículo n.º 14215 (2017). Asimismo, S. Hrguchi y otros, «Influence of eye colours of caucasians and asians and the suppression of melatonin secretion by light», *American Journal of Physics – Regulatory, Integrative and Comparative Physiology*, vol. 292, número 6.

«La primera vez que estuve allí, recuerdo que me sentía como si pudiera avanzar hasta el infinito, y casi no quería ni dormir, porque mi cuerpo estaba muy animado —dice Turney—. Al final, sencillamente, te vienes abajo, pero yo no diría que cuando duermes tienes un sueño reparador, y a menudo tengo sueños muy vívidos.»

Uno de los mayores peligros de este entorno «sin tiempo» es que te sientes tan estimulado por la constante luz brillante que te olvidas de dormir. En un continente donde la hipotermia, las grietas y las fuertes tormentas son un peligro constante, el cansancio puede resultar fatal.

«Basta un pequeño error estúpido para que todo salte y tenga un efecto devastador, no solo en ti, sino también en los otros miembros del equipo», dice Turney.

Trabajar cerca del Polo Sur es también una anomalía cuando se quiere mantener un horario práctico. No hay zonas horarias porque todas convergen allí, así que lo acordado es utilizar la zona horaria del país del que procedes. En el caso de Turney, era Chile, pero a un kilómetro de distancia había una base estadounidense que operaba con la hora de Nueva Zelanda: el equipo de Turney trabajaba cuando los americanos estaban durmiendo.

La táctica utilizada por Turney y sus colegas en esta inusual situación da algunas pistas sobre cómo podríamos combatir el exceso de luz en nuestro entorno nocturno.

Uno de los artículos principales que hay en el equipaje de Turney cuando va a la Antártida es un antifaz para protegerse de la luz. Determinados experimentos han demostrado que llevar un antifaz y ponerse tapones en los oídos cuando la luz y el ruido nocturnos son un problema permiten tener sueño REM y más profundo, y producir más melatonina[121]. Los antifaces o las persianas son por

121. Casi todos los estudios que lo han investigado se han realizado en medios hospitalarios o equivalentes, donde las luces suelen estar encendidas las veinticuatro horas del día los siete días de la semana, y el ruido suele perturbar el sueño.

tanto una solución práctica para las cortas noches estivales, aunque no sea una solución perfecta, porque la transición de la oscuridad a la luz cuando despertamos es demasiado brusca. Hay indicios de que el sopor, la desorientación y la confusión que muchos experimentamos al levantarnos (lo que se llama «inercia del sueño») se reduce si la luz va aumentando gradualmente. Por lo tanto, combinar persianas con un reloj que simule el amanecer podría ser una buena estrategia[122].

El equipo de Turney también respeta los turnos de comida, lo que no solo ayudan a mantener sincronizados sus relojes circadianos, sino que les recuerda la hora que es y, en caso de la cena, que se acerca la hora de dormir.

«Si no, la gente podría estar hablando hasta las dos o las tres de la madrugada y despertarse a las cinco o las seis, y hay un peligro real de que no disfruten de un descanso apropiado», dice Turney.

Los que pasan el invierno en la Antártida también sufren del Ojo Grande. No solo es la ausencia de luz diurna lo que hace que algunos de ellos tengan turnos locos, o sea, que se duerman a horas impredecibles, sino que también el frío puede dificultar el sueño. En combinación con la claustrofobia de pasar semanas refugiándose del frío en interiores, también puede debilitar la salud mental hasta extremos peligrosos.

Aunque Turney nunca ha pasado un invierno en la Antártida, dice que circulan historias más o menos auténticas de personas que han perdido por completo la chaveta. En una, varias personas dejan de trabajar y se alejan en plena oscuridad porque ya no aguantan más; en otra, un individuo llega al extremo de intentar ahorcarse porque quiere que todo se acabe.

---

122. Pero no perfecta: la luz de los relojes actuales que simulan el amanecer es menos potente que la luz diurna y estos aparatos suelen estar detrás de la cabeza de la persona, no delante, lo que quiere decir que llega menos luz a sus ojos.

El Ojo Grande experimentado por los que pasan el invierno en la Antártida destaca la importancia de otra variable para conseguir un buen sueño por la noche: la temperatura del dormitorio. La temperatura del cuerpo suele descender por la noche de modo natural, y esta bajada refuerza el mensaje que está recibiendo el reloj magistral del cerebro por la disminución del nivel lumínico: se acerca la noche y es hora de que la glándula pineal empiece a secretar melatonina.

La temperatura de nuestro entorno está, por supuesto, muy relacionada con el sol y con su ausencia nocturna. Nuestros antepasados debían de sentir estos cambios mucho más, pero en los hogares actuales que cuentan con calefacción (y en entornos extremos como la Antártida) el medio puede interferir en la capacidad de deshacernos del calor excesivo por la noche.

Para que nos entre sueño, la temperatura corporal tiene que descender un grado centígrado. Por eso, el Sleep Council del Reino Unido recomienda una temperatura en el dormitorio de 16-18 ºC. Una temperatura por encima de los 24 ºC reduciría la velocidad a la que se pierde calor, mientras que una temperatura inferior a 12 ºC también dificultaría la pérdida, porque el cuerpo estará haciendo todo lo posible por conservar el calor.

Una ducha caliente antes de irse a la cama puede ayudar a este proceso (incluso en días calurosos) porque engaña al cuerpo para que libere el exceso de calor dilatando los capilares. Si la piel permanece húmeda, este proceso será aún más rápido, porque al evaporarse el agua, las gotas se llevan el calor con ellas. El resultado es que dormimos antes y más profundamente[123]. Este es también el motivo por el que llevar calcetines o ponernos una bolsa de agua caliente en los pies, que abundan en capilares, puede facilitarnos el sueño.

---

123. Se ha descubierto que tomar un baño caliente antes de irse a la cama induce al sueño NREM entre el 15 y el 20 por ciento; véase Walker, *Why We Sleep*, p. 279.

* * *

Lo que nos enseña la experiencia de la gente que vive y trabaja en latitudes extremas es que nuestra biología funciona mejor cuando no hay mucha luz ni mucha oscuridad en nuestro entorno. Parece que lo que estamos buscando es un lugar apacible donde las dos se concilien; un yin y un yang que traigan armonía a nuestra química interna. Es fácil sugerirlo y un poco más difícil llevarlo a cabo, pero el esfuerzo merece la pena. Y sobre todo en el caso de las personas enfermas y frágiles, para quienes mantener un firme ritmo circadiano y conseguir una buena noche de sueño podría marcar la diferencia entre la vida y la muerte.

Esto no significa que no debamos celebrar los puntos de inflexión del año, cuando la luz diurna es especialmente escasa o abundante. En Dowth conocí a cuatro mujeres que me invitaron a merendar con ellas alitas de pollo y Buckfast, un vino tonificante con cafeína. La Navidad está a pocos días y las calles de las poblaciones vecinas están decoradas con luces parpadeantes y adornos. Este viaje es para ellas un peregrinaje anual durante este período tan ajetreado. En una época en que la Navidad se ha convertido en una fiesta de consumo, creen que el simple acto de compartir una merienda a la pálida y dorada luz del invierno es una potente forma de reconectar con las estaciones y observar las cosas desde otro punto de vista. Una de ellas es Siobhan Clancy, de Tipperary:

«Sentada aquí, con el sol en los ojos, siento como si en mi cerebro de lagartija algo estuviera diciendo: "¡Sí! Hay sol; estás viva; estás despierta; estás pasando el invierno y todo volverá de nuevo" —asegura—. No necesitas reunir luces de colores para soportar la oscuridad si sales a tomar el sol». Únicamente, procura mantener el equilibrio.

8

Curas de luz

Despertar
Despierta para crear de nuevo
Despierta para recordar
Despierta y despierta otra vez
La esperanza da fuerza a mi despertador

Maria[124], la autora de este poema, asegura haber muerto y resucitado varias veces. Cada vez que sale de una depresión, se siente como si empezara otra vez de cero, teniendo que reconstruir sus relaciones, sus estudios y su reputación de artista y profesora. Su depresión incluso la empujó a un intento de suicidio en 2008.

Pero ahora está bien y el tratamiento con el que asegura que mantiene la depresión a raya no es convencional; incluso parece contrario al sentido común. Consiste en privarse deliberadamente del sueño y bombardearse con luz brillante, para reiniciar por las bravas el aplatanado reloj circadiano.

Hemos recorrido un largo camino en estos 130 años y pico, desde que Finsen fundó su Instituto Médico de la Luz e inauguró una nueva era de terapia lumínica. Los científicos han descubierto

124. Se le ha cambiado el nombre para proteger su identidad.

varios mecanismos que hacen que la luz interaccione con nuestros ojos y nuestra piel para perfeccionar el tono de nuestra biología interna. Han descubierto el papel enormemente significativo que el ritmo circadiano tiene en la preparación de nuestros cuerpos para los diferentes problemas que plantean el día y la noche. Además, han descubierto que los ritmos circadianos desajustados o débiles (aquellos en que son pequeñas las diferencias entre los picos y los valles de diversas sustancias químicas del cerebro) son un rasgo común a muchas enfermedades corrientes y contribuyen tanto al avance de la enfermedad como a la reactivación y la recuperación del cuerpo.

Por lo tanto, si podemos fortalecer esos ritmos y dejar que el sol vuelva a nuestras vidas (teniendo cuidado de no quemarnos la piel), habremos hecho mucho por nuestra salud y nuestro bienestar. No es probable que fortalecer los ritmos circadianos vaya a curar enfermedades graves como la demencia o la insuficiencia cardíaca, pero si ponemos manos a la obra, a largo plazo podríamos reducir el riesgo de padecerlas, y si ya las padecemos, podríamos reducir la gravedad de algunos síntomas.

El potencial médico de estos descubrimientos va mucho más allá de afecciones relacionadas con la luz, como la melancolía invernal, y tiene emocionantes consecuencias para el alivio de enfermedades graves y difíciles de tratar, como el trastorno bipolar, los problemas cardíacos y la demencia. También podría significar que medicinas ya existentes para muchas afecciones funcionen mejor y con menos efectos secundarios. Ya se están dando pasos en esa dirección.

La psiquiatría está liderando este nuevo campo. Durante las dos últimas décadas, el psiquiatra de Maria, Francesco Benedetti, ha estado investigando la privación de sueño, junto con la administración de luz brillante y litio, como medio para tratar la depresión grave cuando los medicamentos han fracasado. El resultado es que psiquiatras de Estados Unidos, Reino Unido y otros países europeos están empezando a tomar nota, ideando variaciones en sus propias clínicas. El hecho de que esta «cronoterapia» parezca funcionar está arrojando nueva luz sobre la patología subyacente en la depresión y sobre la función de los ritmos circadianos en el cerebro.

«La privación de sueño parece tener efectos opuestos en las personas sanas y en las que tienen depresión —dice Benedetti, que dirige la Unidad de Psiquiatría y Psicobiología del Hospital San Raffaele de Milán—. Si estás sano y no duermes, te pones de mal humor; no podrás concentrarte; tu atención decaerá. Pero si estás deprimido, hay una vuelta inmediata al optimismo y se mejora la capacidad cognitiva.»

Al igual que en otros órganos, en el cerebro hay fluctuaciones diarias en la actividad celular y en la química, que se cree que están controladas por el reloj circadiano y por la creciente necesidad de sueño durante el día. Sin embargo, en las personas deprimidas, los ritmos parecen estar trastocados o sin fuerza.

Como recuperarse de la depresión está asociado con la normalización de estos ritmos cerebrales, Benedetti cree que la depresión es una consecuencia del desajuste circadiano del cerebro. Y la privación del sueño parece ser una forma de reiniciar este proceso cíclico para acelerar la recuperación de la gente.

El primer caso que se publicó sobre los efectos antidepresivos de la privación del sueño fue obra de un médico alemán llamado Walter Schulte, en 1959. La infraestructura de los transportes quedó diezmada en Alemania por culpa de la guerra, así que, cuando una profesora se enteró de que su madre estaba gravemente enferma, cogió su bicicleta y viajó toda la noche para visitarla. La mujer, que sufría de trastorno bipolar, estaba deprimida cuando se puso en marcha, pero llegó en perfecto estado. Este informe llamó la atención de un joven médico llamado Burkhard Pflug, que decidió investigar más a fondo. Privando sistemáticamente del sueño a pacientes con trastorno bipolar, confirmó que pasar una sola noche en vela podía eliminar bruscamente la depresión. Pero los efectos solían ser a corto plazo.

Benedetti se interesó por esta terapia a principios de la década de 1990, cuando era un joven psiquiatra y trabajaba en Milán. El Prozac había aparecido pocos años antes, causando una revolución en el tratamiento de la depresión. Pero aún no se había estudiado a fondo su efecto en algunos tipos de depresión; sobre todo su influencia en el trastorno bipolar, una afección caracterizada por agudos cambios de humor que oscilan entre la manía (donde los aquejados están sobreexcitados e irritables) y la apatía y la depresión extremas. Los pacientes bipolares quedaron excluidos de muchos estudios debido a la gravedad de sus síntomas.

Los pacientes de Benedetti necesitaban desesperadamente una alternativa a las medicinas y los tratamientos en oferta. El guante que le arrojó su jefe fue encontrar la forma de que los efectos antidepresivos de la privación de sueño durasen más tiempo.

Algunos estudios estadounidenses sugerían que el litio podía prolongar el efecto de la privación de sueño, así que Benedetti y sus colegas analizaron retrospectivamente las reacciones de aquellos pacientes suyos que habían probado la privación de sueño y descubrieron que los pacientes que habían tomado litio eran más propensos a dar una respuesta sostenida que los que no lo habían tomado.

Estudios más recientes[125] han demostrado que el litio aumenta la producción de una proteína clave implicada en la marcha del reloj circadiano de muchas células, incluidas las del reloj magistral del cerebro: aumenta la amplitud de sus ritmos. Dado que incluso una corta siesta podía reducir la eficacia del tratamiento, Benedetti y su equipo empezaron a buscar nuevas formas de mantener a los pacientes despiertos por la noche. Tuvieron conocimiento de que la luz brillante se utilizaba para mantener a los pilotos despiertos, así que lo probaron. Y descubrieron que también prolongaba los efectos de

---

125. https://journals.plos.org/plosone/article?id=10.1371/journal.pone.0033292.

la privación de sueño. Por supuesto, ahora sabemos que la luz brillante puede perfeccionar el ritmo del reloj magistral, además de estimular más directamente la actividad de las zonas del cerebro que procesan la emoción. La Asociación Psiquiátrica Americana ha llegado a la conclusión de que la terapia con luz matutina, aparte del papel que desempeña en el TAE, es un antidepresivo igual de efectivo en el tratamiento de la depresión general, aunque raramente se utilice con este fin. Cuando se combina la terapia lumínica con los antidepresivos, el efecto es aún mayor[126].

Benedetti y sus colegas decidieron dar a sus pacientes el lote completo: privación de sueño, litio y luz. Y los resultados fueron prometedores.

A finales de la década de 1990, la clínica ya trataba rutinariamente a los pacientes con este combinado, que llamaban cronoterapia triple. La privación de sueño se hacía en noches alternativas durante la semana y la exposición a la luz brillante de la mañana durante dos semanas seguidas, un protocolo que en la actualidad siguen utilizando.

«En vez de pensar que son personas que no duermen, pensamos que son personas cuyo ciclo de sueño-vigilia se ha modificado o alargado y en vez de ser de 24 horas es de 48 —dice Benedetti—. Se van a la cama una noche sí y otra no, pero cuando se acuestan pueden dormir todo el tiempo que quieran.»

Personaje exuberante, que habla un inglés con fuerte acento italiano y que no para de gesticular, es difícil que no nos contagie el entusiasmo de Benedetti. Pero sus datos hablan por sí mismos: desde 1996, la unidad ha tratado a cerca de mil pacientes con trastorno bipolar, muchos de los cuales no habían respondido bien a los fármacos antidepresivos. El 70 por ciento de estos «farmacorresistentes» respondió a la cronoterapia triple la primera semana, y el 55 por ciento experimentó al mes siguiente una mejoría sostenida.

---

126. https://www.ncbi.nlm.nih.gov/pubmedhealth/PMH0021785/.

Además, mientras que los antidepresivos pueden tardar un mes en funcionar, si es que funcionan, y pueden aumentar el riesgo de suicidio, el efecto antidepresivo de la cronoterapia comporta una inmediata y persistente reducción de las fantasías suicidas.

Maria llegó a Benedetti en 1998, traumatizada por una experiencia en un ala psiquiátrica diferente, donde tuvieron que aplicar medidas extremas debido a sus delirios.

Durante casi diez años, la cronoterapia triple mantuvo su depresión bajo control, hasta que le quitaron el litio y sufrió una recaída que la empujó a intentar suicidarse. Maria fue readmitida en el Hospital San Raffaele y volvió a la cronoterapia triple, con un medicamento diferente para estabilizar el ánimo.

Tras varios intentos, funcionó. Ahora lo utiliza con éxito cada vez que nota la proximidad de la depresión.

«Para mí, las horas más difíciles son las que preceden a la medianoche», dice la mujer. Para mantenerse despierta, hace algo físico, por ejemplo limpiar. Alrededor de la medianoche empieza a sentirse más despierta, así que puede coger un libro y ponerse a leer. Aunque al principio las palabras pueden ser confusas, persiste. Luego, a eso de las 3.30 o 4.00 de la madrugada, cuando los ruidos de la ciudad empiezan a filtrarse por las paredes, a lo mejor siente deseos de coger una bola de arcilla para moldearla. Esto es lo que le indica que el tratamiento ha funcionado, porque si está enferma, no soporta que la arcilla le roce la piel. «Cuando estoy deprimida, es como si todo estuviera metido en una caja —explica—. El día que vuelvo a la vida es como si esa caja se abriera de nuevo.»

* * *

Benedetti advierte que la terapia de quedarse en vela no es algo que las personas deban intentar sin supervisión médica. Corren el riesgo de precipitar un episodio maníaco, sobre todo quienes tienen un trastorno bipolar, aunque, según su experiencia, el riesgo es menor que el que supone tomar antidepresivos. Estar despierto toda la noche es difícil, y algunos pacientes caen en la depresión o entran en un estado de ánimo mixto que puede ser peligroso.

«Quiero estar presente para comentarlo con ellos cuando ocurre», dice Benedetti.

Sin embargo, esta terapia está empezando a ser tomada en serio por psiquiatras de todas partes, con países como Noruega en vanguardia. La industria farmacéutica no muestra interés, comprensiblemente, ya que en última instancia no se puede patentar. Pero aun así, están empezando a ver las posibilidades de un mejor conocimiento del sistema circadiano en las enfermedades mentales. Si podemos entender qué va mal en el reloj, y cómo lo arregla la luz y/o la privación del sueño, podrían desarrollarse nuevos medicamentos capaces de reproducir o incluso de potenciar estos efectos.

Este interés rebasa el trastorno bipolar. Los científicos todavía tienen un largo camino que recorrer para descubrir los mecanismos biológicos que hay detrás de enfermedades mentales como la esquizofrenia, la depresión clínica, el trastorno obsesivo-compulsivo y los trastornos de la alimentación. Sin embargo, entienden que estas afecciones están asociadas con cambios en los niveles de neurotransmisores como la serotonina y la dopamina, y estos neurotransmisores están regulados por el reloj circadiano. Es más: todas estas afecciones se han asociado con desajustes del reloj circadiano o con variaciones en algunos de los genes que lo gobiernan. Hay episodios que a menudo han llegado precedidos por alteraciones en el sueño o desajustes circadianos. Un hospital cercano al aeropuerto de Heathrow recibe cada año cerca de cien pacientes psiquiátricos cuyos síntomas parecen haberse disparado como respuesta directa al cambio de zona horaria después de un largo vuelo. También hay cada vez más indicios de que una buena rutina de sueño puede mejorar la salud mental.

* * *

Por supuesto, el desajuste circadiano no solo afecta al cerebro. Puede alterar la inmunidad, así como funciones corporales como la velocidad del corazón o la digestión, y todo esto puede dificultar la salud y la recuperación de una enfermedad. Las observaciones de Florence Nightingale sobre la necesidad de aire fresco y sol para los enfermos contradicen el diseño de muchos hospitales modernos, que se caracterizan a menudo por la pequeñez de sus ventanas y una iluminación interior tenue que permanece encendida día y noche. Y como hemos aprendido en capítulos anteriores, la alteración circadiana puede ser causada por la exposición a la luz brillante por la noche, mientras que la ausencia de luz brillante durante el día puede hacer que los ritmos diarios de nuestras células y tejidos se debiliten.

Las directrices actualmente vigentes en las unidades de cuidados intensivos del Reino Unido dicen que ha de haber luz natural en todas las habitaciones, y que la luz eléctrica pueda regularse para que ilumine más o menos. Sin embargo, incluso en hospitales que siguen estas instrucciones, la iluminación de las habitaciones durante el día se parece a la de muchos despachos, y está muy por debajo de los niveles del exterior al atardecer[127]. Para agravar el problema, ciertos medicamentos, entre ellos la morfina, pueden alterar el ritmo de los relojes circadianos[128], y el sueño de los pacientes podría verse interrumpido aún más por el dolor, la preocupación o el ruido. No es de extrañar pues que los pacientes de los hospitales tengan a menudo ritmos circadianos débiles o no sincronizados con el momento del día. Algunos están empezando a preguntarse por la importancia de esto en su curación y recuperación.

---

127. Un estudio reciente realizado en la UCI del Central Manchester Foundation Trust encontró durante el día una iluminancia media de 159 lux, que es entre 10 y 1.000 veces menor que la luz natural, mientras que por la noche la iluminancia media era de 10 lux, es decir, unas cincuenta veces mayor que la luz de la luna. Además, por la noche había oscilaciones (subidas de iluminancia que llegaban a los 300 lux), debidas a intervenciones o a comprobaciones.

128. https://www.ncbi.nlm.nih.gov/pmc/articles/PMC4507165/.

La unidad de cardiología del Square Hospital de Daca, en Bangladés, está en la décima planta de un moderno edificio, donde suele ingresarse a los pacientes para que se recuperen de intervenciones como un baipás coronario. Tiene vistas a toda la ciudad y todas las camas tienen ventana, aunque algunos pacientes bajan las persianas para que no haya ni vistas ni luz.

Investigadores de la Universidad de Loughborough monitorizaron a los pacientes que entraban y salían de esta unidad y descubrieron que por cada incremento de 100 lux en la iluminancia, la permanencia de los pacientes se reducía en 7,3 horas. Aunque otros estudios han revelado que tener vistas también tiene importancia, los de Loughborough descubrieron que la luz desempeñaba un papel más significativo en la aceleración de la recuperación[129].

Asimismo, un amplio estudio con pacientes canadienses que se recuperaban de ataques al corazón descubrió que la media de mortandad entre los que se recuperaban en habitaciones mejor iluminadas era del 7 por ciento, mientras que la incidencia entre pacientes asignados a habitaciones más oscuras era del 12 por ciento[130].

Ciertos estudios con animales nos están permitiendo comprender las causas. Los primeros días posteriores a un ataque al corazón son cruciales para determinar cómo se cura el órgano y qué riesgo hay de sufrir otro ataque en el futuro. Esta respuesta curativa está relacionada con las células inmunológicas. Estudios con grupos de ratones expuestos a ciclos de luz/oscuridad normales y alterados tras haber sufrido un ataque al corazón inducido mostraron una diferencia significativa en el número y el tipo de células inmunológicas que afluían hacia el corazón, la cantidad de tejido cicatrizante y, finalmente, la tasa de supervivencia. Ratones cuyos ritmos circadianos se vieron alterados, como ocurriría durante una permanencia en el hospital, tenían más probabilidades de morir de las lesiones cardíacas.

---

129. http://journals.sagepub.com/doi/full/10.1177/1477153512455940.

130. https://www.ncbi.nlm.nih.gov/pmc/articles/PMC1296806/?page=2.

Sabemos que el sistema cardiovascular tiene un marcado ritmo circadiano: la presión sanguínea es inferior cuando estamos durmiendo, pero se eleva bruscamente al despertarnos; las plaquetas, grupúsculos celulares que contribuyen a la coagulación de la sangre, son más pegajosas durante el día; aunque los niveles de hormonas del tipo «lucha o huye», como la adrenalina, que comprimen los vasos sanguíneos y hacen que el corazón lata más fuerte, también son más altos durante el día. Estas oscilaciones circadianas afectan a la probabilidad de sufrir un ataque al corazón en diferentes momentos del día: estadísticamente, tenemos más probabilidades de sufrir uno entre las 6 de la mañana y el mediodía que a cualquier otra hora.

Sin embargo, el momento podría afectar igualmente a nuestra capacidad de recuperarnos de una lesión cardíaca. Otros estudios con ratones han revelado diferencias en el tipo y el número de células inmunológicas que se infiltran en el tejido cardíaco lesionado, según la hora del día en que se haya producido la lesión[131]. Estudios con humanos han sugerido que las perspectivas de sobrevivir mejoran más en pacientes operados del corazón por la tarde que por la mañana[132].

No solo es el sistema cardiovascular el que muestra estas variaciones circadianas en la respuesta a las lesiones. Otro estudio reciente descubrió que las células epiteliales llamadas fibroblastos, que tienen un importante papel en la curación de heridas, pueden funcionar con más eficiencia por el día que por la noche debido a los niveles fluctuantes de proteínas que dirigen las células hacia las zonas lesionadas. Los ratones con heridas en la piel causadas durante la noche (cuando están despiertos y activos) se curan más rápido que aquellos que han recibido las heridas durante el día[133].

---

131. https://www.ncbi.nlm.nih.gov/pubmed/27733386.

132. https://www.thelancet.com/journals/lancet/article/PIIS0140–6736%2817%2932132–3/fulltext?elsca1=tlpr.

133. http://stm.sciencemag.org/content/9/415/eaa12774.

Y cuando los mismos investigadores analizaron los datos de la Base de Datos Internacional de Quemaduras, descubrieron que las personas que han sufrido quemaduras durante la noche tardan aproximadamente once días más en curarse que los que se han quemado durante el día[134]. Hay muchos más ejemplos de oscilaciones circadianas en nuestra fisiología: a los virus les resulta más fácil replicarse y propagarse entre las células por la noche que por el día; las reacciones alérgicas son más intensas entre las 10 de la mañana y la medianoche; y el dolor y la rigidez de las articulaciones son peores por la mañana temprano.

Si nuestros ritmos circadianos tienen un impacto tan potente en el sistema inmunitario, el desajuste de estos ritmos (algo normal en un entorno hospitalario) podría impedir la recuperación de enfermedades graves. Siguiendo la misma lógica, es posible que la estabilización o el fortalecimiento de estos ritmos, exponiendo a los pacientes a la luz brillante durante el día y a la oscuridad por la noche, acelerase la recuperación.

Algunos de los indicios más sólidos proceden de estudios con prematuros y niños que nacieron con poco peso. Aunque se sabe que los niños duermen de manera fragmentada, parece que el reloj magistral del cerebro ya está en su sitio desde las dieciocho semanas de gestación. Los ritmos circadianos maduran progresivamente a partir de ese momento, aunque hasta ocho semanas después del nacimiento no comiencen a aparecer las previsibles pautas del sueño. No es que el feto en desarrollo esté expuesto a mucha luz precisamente, pero su incipiente sistema circadiano puede basarse en otras señales, como las fluctuaciones diarias de las hormonas de la madre, del ritmo de su corazón y de su presión arterial. Sin embargo, si el niño nace prematuro, estas señales se pierden.

Al parecer, los prematuros tienen más probabilidades de fortalecerse si están sometidos a ciclos naturales de luz, es decir, doce horas

---

134. http://stm.sciencemag.org/content/9/415/eaa12774.

de luz y doce de oscuridad. Un reciente estudio concluyó que esta «luz cíclica» reducía el tiempo que pasaban en el hospital después de nacer, en comparación con los que se mantenían en la semioscuridad o bajo una luz brillante continua; también tenían mayor tendencia a ganar peso, sufrían menos daños oculares y lloraban menos[135].

Pocos estudios han investigado el impacto de la exposición a la luz en pacientes adultos, pero la creciente preocupación por los efectos de la iluminación de los hospitales en nuestra salud está impulsando acciones en ese sentido. El Royal Free Hospital de Londres está instalando actualmente una iluminación circadiana en su departamento de urgencias y accidentes, mientras que en hospitales de varios países del mundo ya se ha instalado.

Hay otros indicios que confirman los beneficios de la iluminación circadiana en la recuperación efectiva de los pacientes y se deben al trabajo de los médicos del Hospital Glostrup de Copenhague. Estos especialistas han estado midiendo y comparando resultados en la sala de rehabilitación de pacientes que han sufrido derrames cerebrales, con un sistema de iluminación circadiana que estimula la exposición a una brillante luz blanquiazul durante el día y luego, durante la noche, se atenúa y se apaga poco a poco la luz azul, lo que significa que los pacientes duermen prácticamente a oscuras. Cuando los chequeos y las intervenciones se llevan a cabo de noche, se hacen con una luz ambarina.

«El objetivo es estabilizar su sistema circadiano mientras están en el hospital, para estimular la recuperación», manifiesta Anders West, neurólogo del hospital que ha dirigido el proyecto.

Aproximadamente la tercera parte de las personas que han sufrido un derrame tiene algún episodio depresivo, mientras que hasta tres cuartas de ellas experimenta fatiga y duerme mal, síntomas que pueden afectar perjudicialmente a la función cognitiva. Pero también

135. http://www.cochrane.org/CD006982/NEONATAL_cycled-light-intensive-care-unit-preterm-and-low-birth-weight-infants.

a la recuperación y a las probabilidades de sobrevivir. Hasta el momento, los datos sugieren que con un sistema de iluminación circadiano los pacientes presentan un ritmo circadiano más robusto y tienen menos depresión y fatiga, en comparación con los ingresados en una sección del hospital con iluminación convencional hospitalaria[136]. West me explica que el efecto puede «compararse con darles antidepresivos». Las enfermeras de esta sala también dicen haber notado una diferencia, sobre todo en pacientes que además sufren delirios o demencia.

«Parecen tener una idea más aproximada de qué hora del día es, y tengo la sensación de que están más tranquilos», afirma Julie Marie Schwarz-Nielsen, una enfermera que lleva trabajando en el hospital desde 2009.

* * *

Aunque actualmente no es posible curar la demencia, cada vez hay más pruebas, procedentes de otros estudios, de que la calidad de vida puede mejorarse y de que la gravedad de los síntomas puede aliviarse utilizando iluminación circadiana para fortalecer los relojes biológicos de los individuos.

Despertarse de noche es un problema frecuente entre personas con demencia (y sus cuidadores), y una de las principales razones de que a menudo terminen en una residencia. No solo se despiertan y pasean, con el consiguiente riesgo de caer (nuestro equilibrio está bajo control circadiano y es peor de noche que de día), sino que a menudo el hecho de despertar de noche se asocia también con delirios o confusión.

Un problema anejo es la puesta del sol, ya que los pacientes con demencia se muestran más agitados, agresivos o confusos entre la

---

136. Datos presentados en el encuentro de 2017 de la Society for Light Treatment and Biological Rhythms, que se celebró en Berlín.

caída de la tarde y el principio de la noche. Ambos fenómenos se han asociado con ritmos circadianos alterados.

Eus van Someren empezó a interesarse por la relación entre el reloj circadiano y el alzheimer a mediados de la década de 1990. Varios estudios habían indicado que los ritmos circadianos tendían a relajarse con la edad, una de las causas de que el sueño en personas de avanzada edad se interrumpa y sea más breve. El problema suele ser peor en instituciones como las residencias de ancianos, porque los residentes salen menos al exterior y las luces están encendidas las 24 horas del día por su propia seguridad.

Van Someren estaba intrigado por el hecho de que esta relajación circadiana (y los problemas que trae aparejados) pareciera especialmente acentuada en pacientes con alzheimer, así que se puso a investigar más a fondo. Descubrió que los pacientes ingresados en centros, sobre todo los que estaban inactivos durante el día, eran los más afectados, y que sus pautas de sueño parecían empeorar cuando los días se acortaban y mejoraban cuando llegaba la primavera y el verano. Más recientemente, los investigadores descubrieron que el clima también podía influir en el hecho de que estas personas despertaran por la noche: despertaban mucho más los días nublados que los días soleados. En ambos casos, la luz natural es el principal sospechoso.

Al envejecer, disminuye la cantidad de estímulo que recibe el reloj magistral del cerebro. Esto se debe en parte a que los ancianos suelen pasar más tiempo en interiores; además, el cristalino y la córnea se vuelven más opacos, las pupilas se encogen y llega menos luz a la retina. Y por si esto no bastara, las personas con cataratas a menudo optan por reemplazar el cristalino natural por otro artificial, diseñado para detener la luz azul porque se creía que contribuía a la degeneración de la mácula, otra pesadilla de otros tiempos. Una consecuencia no prevista es la disminución de la entrada de luz en un reloj magistral ya de por sí infraestimulado.

En 1999, Van Someren, que trabaja en el Nederlands Herseninstituut (Instituto Holandés de Neurociencias) de Ámsterdam, convenció a los directores de doce residencias de ancianos para que tomaran parte en un experimento clínico. Algunas residencias instalarían más lámparas de luz brillante para aumentar la iluminación interior hasta el nivel que habría en el exterior un día nublado, y que sería constante entre las 10 de la mañana y las 6 de la tarde; las otras residencias seguirían con la iluminación interior que ya tenían. Además, a algunos residentes se les administrarían tabletas de melatonina por la tarde, para reforzar sus ritmos circadianos aún más.

La iluminación no curó su demencia, pero tres años y medio después, los residentes expuestos a más luz mostraban menos deterioro cognitivo y menos síntomas de depresión; también había menos deterioro en su capacidad para desenvolverse en la vida cotidiana. Cuando la luz brillante se combinaba con la melatonina, los residentes también mostraban menos agitación y dormían mejor[137].

Quise ver cómo funcionaban estos experimentos en la práctica y visité la sala para dementes del Centro de Salud Ceres de Horsens, Dinamarca. En el invernadero había un grupo de residentes jugando al bingo con el personal con cartulinas ilustradas; la luz natural complementaba la blanquiazul de las lámparas del techo. Junto a ellos había una anciana con vestido azul que acariciaba un gato blanco y naranja, en realidad un juguete mecánico que periódicamente se lamía una zarpa, agitaba las orejas y movía la cabeza. La atmósfera del lugar era tranquila y cordial: había un hombre dormitando, pero casi todos los pacientes estaban despiertos y parecían entretenidos.

Jane Troense es una cuidadora de la sala. Fue ella quien insistió para que pusieran un sistema de iluminación circadiano, porque había leído en la prensa un artículo sobre la fototerapia aplicada a otros trastornos psiquiátricos. Tras investigar un poco, averiguó que se estaba estudiando la luz como forma de mejorar el sueño de pacientes como los que ella tenía.

---

137. https://jamanetwork.com/journals/jama/fullarticle/273623.

Lo primero que advirtió cuando instalaron las luces fue que los residentes parecían más sociables: «Parecían más despiertos de día y comían un poco más», dice. También se redujo bruscamente el consumo de somníferos y calmantes. Las grabaciones que muestran dónde se sientan los residentes durante el día muestran que tienden a concentrarse donde la luz es más brillante.

La iluminación no ha impedido totalmente que despierten por la noche; en realidad, una paciente con demencia grave sufrió varias caídas porque las luces eran demasiado tenues, y en una ocasión se introdujo en un armario y no supo salir.

«Ella sí necesita tener la luz encendida», dice Troense. Ahora tiene una luz nocturna, con la banda azul del espectro eliminada.

Un sondeo entre el personal de enfermería de la sala de demencia también reveló que los niveles de angustia disminuyeron tras la introducción de la iluminación.

«Eso es de gran importancia, porque refleja cómo tratan los problemas de salud mental de los residentes», opina Katharina Wulff, de la Universidad de Oxford, que ha estado estudiando el impacto del sistema de iluminación. En otras palabras, podría reducir el riesgo de que desahoguen sus frustraciones personales con los pacientes.

Incluso se ha visto afectado un periquito verde que vive en el pasillo principal de la sala de demencia: antes de la instalación de las nuevas luces, el pájaro piaba y cotorreaba a todas horas; ahora está callado por la noche.

* * *

Aún es pronto, pero, como hemos visto, el reajuste circadiano y un mayor conocimiento de cómo nos afecta corporal y anímicamente el funcionamiento de nuestros relojes internos podrían mejorar notablemente los resultados sanitarios en las salas de psiquiatría, de recién nacidos y posoperatorias, y en las residencias de ancianos.

Por otro lado, nuestro mayor conocimiento de los matices de los relojes biológicos contribuye a que los medicamentos actúen mejor y a que tengan menos efectos secundarios.

El alcance de estos relojes ya es sorprendente de por sí: casi la mitad de nuestros genes está bajo su control y se ha descubierto que genes estrechamente asociados con el riesgo de desarrollar ciertas enfermedades graves investigadas hasta ahora —el cáncer, el alzheimer, la diabetes tipo 2, los problemas coronarios, la esquizofrenia, la obesidad y el síndrome de Down— fluctúan según la hora del día.

Más de la mitad de los medicamentos básicos de la Organización Mundial de la Salud (250 medicamentos que se encuentran en todos los hospitales del mundo) afectan a vías moleculares reguladas por relojes internos que podrían hacerlos más o menos efectivos según el momento en que se tomen[138].

Entre estos medicamentos hay analgésicos corrientes como la aspirina y el ibuprofeno, además de fármacos para la presión arterial, las úlceras pépticas, el asma y el cáncer. En muchos casos, el efecto medio de estos medicamentos es inferior a seis horas, lo que significa que no permanecen en el sistema el tiempo suficiente para funcionar de modo óptimo si se toman en horarios inadecuados. Por ejemplo, el valsartán, un medicamento para combatir la hipertensión, es un 60 por ciento más eficaz si se toma por la noche que si se administra a primera hora de la mañana. Y muchos medicamentos contra el colesterol, como las estatinas, también son más efectivos si se toman de noche.

Esta información rara vez se conoce fuera de las publicaciones académicas. Por ejemplo, la página web del NHS (Servicio Sanitario Nacional del Reino Unido) informa que el valsartán puede tomarse «en cualquier momento del día». El interés de la industria farmacéutica por saber cuál es el mejor momento para tomar los medicamentos también es bastante escaso.

---

138. http://www.pnas.org/content/111/45/16219.

«Para las grandes compañías farmacéuticas, lo ideal es una pastilla blanca al día, cuyo efecto dure mucho tiempo y que se pueda tomar en cualquier momento», comenta David Ray, que investiga los ritmos circadianos en enfermedades inflamatorias en la Universidad de Manchester.

Aun así, la idea de que las funciones fisiológicas varían de una hora a otra y de una estación a otra es antigua. La medicina tradicional china sostiene que la vitalidad de ciertos órganos llega a su punto máximo en diferentes momentos: los pulmones, entre las 3 y las 5 de la madrugada; el corazón, entre las 11 de la mañana y la 1 de la tarde; los riñones, entre las 5 y las 7 de la tarde, etcétera. Los momentos de comer, de trabajar, de tener relaciones sexuales y de dormir deberían programarse para que coincidan con esos ritmos, aconsejan los profesionales. Ideas muy parecidas aparecen también en la medicina ayurvédica hindú.

Aunque las explicaciones de estos ritmos tienen poco carácter científico para quienes prefieren la medicina moderna, y es poco probable que lo que los antiguos chinos describían como ritmos del corazón o del hígado tengan mucho parecido con lo que sabemos hoy sobre estos órganos, sigue siendo interesante que estos médicos se fijaran en las fluctuaciones rítmicas de nuestra fisiología. En cualquier caso, fue eso lo que despertó el interés de Francis Lévi por el horario de la medicación.

Lévi era médico en París, pero se puso a estudiar medicina tradicional china tras sufrir una decepción al ver que muchos colegas trataban a sus pacientes como a objetos y no como a seres humanos. Intrigado por la posibilidad de que los ritmos biológicos pudieran tener importancia en la eficacia del tratamiento, decidió investigar a fondo con herramientas científicas modernas.

Muchos tratamientos de quimioterapia tienen por objeto las células que se dividen rápidamente, lo que significa que matan en el proceso algunas células sanas; por ejemplo, las células que rodean el tracto gastrointestinal y las de la médula ósea. Esto explica algunos de los desagradables efectos secundarios asociados con la quimioterapia, como las náuseas y la pérdida de apetito. Sin embargo, las células sanas difieren de las células cancerígenas en muchos aspectos, uno de los cuales es que solo se dividen en momentos concretos del día, mientras que estos ritmos cotidianos parecen estar ausentes o alterados en al menos algunos tipos de cáncer.

Si se pudieran identificar los momentos en que las células sanas están inactivas y las células cancerígenas dividiéndose, pensó Lévi, podría administrarse a los pacientes dosis mayores de quimioterapia con menores efectos secundarios. Era una sugerencia radical y no todos sus colegas la aprobaron.

«Una de las primeras cosas que me dijeron fue que no tuviese tanta fe en la astrología», cuenta Lévi.

Lejos de inmutarse, ideó una serie de experimentos con ratones para comprobar si la toxicidad de un nuevo medicamento anticancerígeno —un derivado de la antraciclina— variaba según el momento en que se administraba. Para su evaluación tomó nota del peso que perdían los ratones durante el tratamiento, y de cómo afectaba el medicamento al recuento de glóbulos blancos. Efectivamente, el fármaco parecía más tóxico cuando se administraba durante el período activo nocturno de los ratones que cuando se administraba cuando normalmente habrían estado durmiendo[139]. Un experimento posterior con mujeres con cáncer de ovarios confirmó que efectos secundarios como las náuseas y la fatiga podían reducirse significativamente si el medicamento se administraba a las 6 de la mañana en lugar de a las 6 de la tarde[140].

La gran oportunidad de Lévi llegó cuando su jefe tuvo acceso a un nuevo medicamento, el oxaliplatino. Actualmente es uno de los medicamentos más vendidos y se utiliza a menudo como tratamiento habitual para personas con cáncer avanzado de colon y recto, pero a

---

139. https://www.ncbi.nlm.nih.gov/pubmed/4076288.

140. https://www.ncbi.nlm.nih.gov/pubmed/2179481.

mediados de la década de 1980 había sido relegado al cuarto trastero porque se consideraba demasiado tóxico para utilizarse en pacientes. A pesar de todo, el jefe de Lévi estaba convencido de que el medicamento sería efectivo si encontraran la manera de mejorar su tolerancia. Esa responsabilidad recayó sobre Lévi.

Volvió a investigar el momento idóneo para administrar el medicamento en ratones y luego pasó a trabajar con personas. Sus experimentos con animales sugerían que la toxicidad del oxaliplatino podía reducirse si se administraba a medianoche, cuando estaban más activos. Para que funcionara en las personas Lévi se limitó a añadir 12 horas: un cálculo somero, pero que pareció funcionar. Una serie de experimentos aleatorios controlados que combinaban el oxaliplatino y el fluorouracilo, otro medicamento empleado en quimioterapia, reveló que síntomas como las náuseas, pérdida de apetito y reacciones epiteliales se reducían en gran medida si, en vez de administrarse continuamente, las dosis coincidían con los ritmos circadianos de las personas.

Los resultados parecieron increíbles a algunos. Uno de los primeros pacientes que trató Lévi con oxaliplatino —un hombre con cáncer colorrectal— incluso lo llamó para quejarse por haber recibido un tratamiento de pega. Lévi recuerda que le dijo que lo estaba engañando, que debía de haberle dado un placebo, porque no tenía ningún efecto secundario adverso.

La verdad es que el hombre había recibido una dosis mucho más alta de lo normal. Sin embargo, como había utilizado un aparato diseñado especialmente para inyectar el oxaliplatino por la tarde y el fluorouracilo por la mañana temprano, los síntomas habituales asociados al tratamiento contra el cáncer desaparecieron por completo.

Algunos estudios incluso señalaron que la cronoterapia podía aumentar la eficacia de los medicamentos, reduciendo más rápido el tumor y dando un índice de supervivencia más alto que si los medicamentos se administraban de la manera tradicional. Un estudio realizado en 2012 con una cronoterapia basada en el oxaliplatino reveló que, en los hombres, la media de supervivencia era de tres meses más que si se administraba durante los horarios habituales. Por alguna razón, las mujeres no se beneficiaban con este régimen modificado[141].

De todos modos, los datos de Lévi bastaron para convencer a la industria farmacéutica de que valía la pena echar otro vistazo al oxaliplatino. El medicamento fue aprobado en Europa en 1996 y en Estados Unidos en 2002.

En fecha más reciente, Lévi y sus colegas descubrieron que otro producto empleado en quimioterapia, el irinotecán, se tolera mejor por la mañana en el caso de los varones y por la tarde/noche en el caso de las mujeres. Y en el caso de la radioterapia, se pierde menos cabello si se aplica por la mañana que si se aplica por la tarde, porque el pelo crece más aprisa por la mañana[142].

Estos efectos relacionados con la hora del día no están relacionados únicamente con el tratamiento del cáncer. Por ejemplo, hace poco se descubrió que la vacuna contra la gripe generaba cuatro veces más anticuerpos si se administraba entre las 9 y las 11 de la mañana que si se administraba seis horas después[143]. Ciertas pruebas también dan resultados diferentes según la hora del día en que se practiquen, motivo por el que muchos médicos toman la presión arterial varias veces a lo largo del día antes de diagnosticar una hipertensión.

Como los ritmos circadianos existen en todos los tejidos investigados hasta ahora, es muy probable que aparezcan efectos dependientes del horario en otras enfermedades, con otros medicamentos y en otros tratamientos, conforme avancen las investigaciones en esta área.

---

141. https://www.ncbi.nlm.nih.gov/pubmed/22745214.

142. https://www.ncbi.nlm.nih.gov/pubmed/22745214.

143. https://www.ncbi.nlm.nih.gov/pmc/articles/PMC4874947/.

Pero siguen existiendo desafíos. Además de las diferencias de sexo, también hay diferencias individuales en el horario exacto de nuestros ritmos, y actualmente no existe ningún análisis rápido y sencillo para confirmar los detalles del reloj interno de un individuo determinado. Disponer de esta información podría tener beneficios que irían mucho más allá de la optimización del momento de administrar un fármaco; gracias a ella podríamos saber si los ritmos de una persona son débiles o están desajustados.

«Sabemos que cuando el ritmo circadiano se altera, independientemente de todos los demás factores que puedan influir en la supervivencia del individuo, los pacientes con cáncer empeoran», comenta Lévi. Una estrategia alternativa sería desarrollar medicamentos «de acción retardada», que sólo fueran biológicamente activos cuando las manecillas del reloj corporal llegaran a un momento concreto. Actualmente hay equipos que tratan de desarrollar prototipos de medicamentos de este tipo.

También hay un creciente interés por fabricar medicamentos capaces de potenciar el alcance de nuestros ritmos circadianos, en lugar de basarlos en la luz; y otros capaces de acelerar las saetas de nuestro reloj circadiano, ya que esto permitiría a las personas adaptarse a los turnos de trabajo o acelerar la recuperación del cambio de horario en los viajes.

Florence Nightingale señaló la importancia de observar los flujos y reflujos de las enfermedades en lugar de confiar en los términos medios, que según ella a menudo inducían a error. No hay duda de que la habría impresionado la importancia que se da hoy a los ritmos diarios de los sistemas biológicos en que inciden los medicamentos y que, además, nos ayudan a curarnos. Ciertamente, habría aplaudido los esfuerzos por optimizar los entornos hospitalarios y residenciales, dando a nuestros cuerpos el mejor tratamiento posible.

«A menudo se cree que la medicina es el arte de curar. No es así, —escribió en sus *Notas sobre enfermería*—. Solo la naturaleza cura. Lo que la enfermería ha de hacer es poner al paciente en las mejores condiciones para que la naturaleza trabaje en él[144].»

Luz, sueño y hora idónea: tales son los tres elementos básicos con potencial para transformar la asistencia sanitaria.

---

144. La cita completa dice: «A menudo se cree que la medicina es el arte de curar. No es así. La medicina es cirugía de funciones, como la cirugía propiamente dicha lo es de los miembros y los órganos. No puede hacer nada salvo eliminar obstáculos; tampoco puede curar; solo la naturaleza cura. La cirugía extrae el proyectil del miembro, que es un obstáculo para la cura, pero la naturaleza cura la herida. Lo mismo ocurre en medicina; la función de un órgano se obstruye; la medicina tal como la conocemos hasta hoy ayuda a la naturaleza a eliminar la obstrucción, pero nada más. Y lo que la enfermería debe hacer en estos casos es poner al paciente en las mejores condiciones para que la naturaleza trabaje en él». Lynn McDonald (ed.), *Florence Nightingale: The Nightingale School,* Wilfrid Laurier University Press, Waterloo, Ontario, 2009, p. 683.

9

Poner el reloj en hora

Aunque todos aspiremos a horarios regulares de sueño y a tener luz de un modo ordenado durante las 24 horas, esto, por supuesto, no siempre es factible: viajamos y sufrimos cambios de horario con los viajes, y trabajamos haciendo turnos.

Y nadie viaja más lejos ni experimenta una relación más inusual con la luz que los astronautas que viven en el espacio. Así pues, si queremos aprender a optimizar nuestro rendimiento físico y mental y reducir el riesgo de sufrir enfermedades o heridas en condiciones inadecuadas de luz y sueño, nada mejor que fijarnos en la NASA.

Desde el espacio, la salida del sol se ve como una raya curva en la oscuridad, una raya de color azul que señala la frontera entre la noche y el día. La raya se va ensanchando, se vuelve blanca por encima mientras se va formando un charco amarillo en la base, que rápidamente se convierte en una estrella dorada de diez puntas. La estrella brilla de manera creciente hasta que la raya azul parece un anillo engastado con el diamante más grande y brillante que se haya visto, y cuando este diamante resplandeciente —el sol— se eleva, las nubes, las capas de hielo y el profundo azul del océano de la Tierra comienzan a perfilarse y a destacar. Pero esta impresionante vista de nuestro planeta es de corta duración: en menos de tres cuartos de hora, la cortina de luz en expansión ha desaparecido, sepultada por una ola de negrura que se extiende por la Tierra como si persiguiera al sol que se va.

Este espectáculo tiene lugar dieciséis veces al día para los astronautas de la Estación Espacial Internacional (EEI), mientras viajan alrededor de la Tierra a una velocidad de 27.000 kilómetros por hora para no caer del cielo. A esta velocidad, completan una órbita alrededor de la Tierra cada 90 minutos, lo que significa que verán un amanecer o una puesta de sol cada 45 minutos.

La experiencia se vuelve más visceral si salen de la estación espacial y se mueven por la superficie de esta para hacer trabajos esenciales de reparación y mantenimiento. Cuando el sol está a la vista, la temperatura en el espacio es de 121 ºC y, cuando se pone, desciende a 157º bajo cero. Aunque los trajes espaciales y las capas térmicas proporcionan cierto aislamiento, sienten con toda su crudeza estas temperaturas extremas.

Pero casi todo el tiempo están encerrados en la estación espacial, donde, si prescindimos de algunas pequeñas portillas y de las siete grandes ventanas del cupulino (la cubierta de observación), la luz es tenue. El desajuste circadiano es un gran problema para los astronautas de la estación internacional porque el ciclo luz/oscuridad al que se ven sometidos no es habitual en absoluto. La estación está más oscura que la mayoría de entornos de trabajo de interiores, y las frecuentes salidas y puestas del sol complican aún más las cosas.

«Si vas al cupulino poco antes de irte a la cama y ves la salida o la puesta del sol, recibes 100.000 lux —dice Smith L. Johnston, oficial médico y cirujano de vuelo con base en el Johnson Space Center de Houston—. No podrás dormirte en dos horas porque estarás como deslumbrado.»

Aparte de todo esto, los astronautas de la EEI trabajan a menudo largas horas con una gran tensión por completar la faena, y a veces se ven obligados a trabajar haciendo turnos acelerados que les obligan a cambiar radicalmente el horario de sueño para dejar en condiciones, por ejemplo, el acoplamiento de una lanzadera, o para terminar una larga construcción técnica.

Sin embargo, los astronautas de la NASA no tienen que enfrentarse únicamente al desajuste circadiano cuando están en el espacio.

Los entrenamientos se inician ocho años antes, y casi cada minuto de su tiempo cuenta. Para entrenarse hacen frecuentes viajes a Moscú, Colonia y Tokio:

«No pueden estarse dos semanas recuperándose del cambio de horario cada vez que van a Moscú», manifiesta Steven Lockley, un experto en sueño del Brigham and Women's Hospital de Boston, Massachusetts.

La NASA se toma el sueño y la medicina preventiva muy en serio. Tras gastar miles de millones en construir una estación especial y entrenar a los astronautas para que vayan allí (perseguidos por el fantasma de la catástrofe del Challenger en 1986, en la que perecieron los siete miembros de la tripulación y que se atribuyó en parte a las excesivas horas de trabajo y a la falta de sueño), la NASA no quiere que el proyecto se venga abajo porque alguien se queda dormido en el trabajo.

«Nadie se entrena tanto como los astronautas, salvo los deportistas profesionales, porque, una vez están metidos en esto, están tan entrenados y son tan valiosos que hacemos todo lo que podemos para que mantengan el nivel», remarca Johnston.

Una de las tareas a las que se ha dedicado la NASA desde 2016 es a la instalación de un sistema optimizado de iluminación con lámparas led a bordo de la EEI, para mejorar el sueño y la vigilia de los astronautas, para que puedan adaptarse rápidamente a los turnos acelerados y a las inusuales condiciones del espacio. Dentro de cada cabina de estilo sarcófago hay un saco de dormir y objetos personales y estas nuevas luces graduables, que cambian de color y tienen tres modalidades. Antes de ponerse a dormir, los astronautas usan el modo «presueño», del que ha desaparecido la banda azul del espectro luminoso; cuando se levantan por la mañana, pueden utilizar un despertador y reforzar su ritmo circadiano moviendo el interruptor para que haya una luz mucho más brillante y azul. Esta posición sirve también para adelantar o atrasar el reloj si un astronauta tiene que cambiar su horario de sueño por exigencias del trabajo. Durante el resto del día, la iluminación de la EEI es blanquiazul.

Principios similares se aplican aquí en la Tierra para que el personal de control se adapte al turno de noche:

«Puede que algunos no estén acostumbrados a trabajar a determinadas horas, así que cuando se toman un descanso, cada 90 minutos, les permitimos entrar en una sala, caminar en una cinta de correr y estar bajo una potente luz azul», dice Johnston.

Podemos aprender mucho de lo que hace la NASA para combatir el *jet lag* (desfase horario), ya que lo ha convertido en un arte. El desfase horario y la privación de sueño que causa pueden provocar estragos en la concentración, la capacidad de reacción, el estado de ánimo y las facultades mentales. Lockley está empleado en la NASA para diseñar planes que contrarresten el desfase horario, y que regulan cuándo deberían ver luz los astronautas y cuándo deberían evitarla, cuándo deberían tomar melatonina o hacer uso de la cafeína y, en algunos casos, cuándo comer y hacer ejercicio.

La norma general es que por cada zona horaria que cruzamos tardamos un día en adaptarnos, pero Lockley asegura que con el horario de luz apropiado y la administración de melatonina es posible reducir el período de adaptación a entre dos y tres horas al día, lo que significaría superar en dos días el cambio de horario de un vuelo entre Londres y Nueva York, que normalmente tardaría en superarse cuatro o cinco días.

Para ello es necesario hacernos dos preguntas:

1. ¿Qué hora cree nuestro reloj biológico que es? Para calcular cuándo deberíamos evitar o buscar luz brillante (o tomar melatonina, si la tenemos, ya que actualmente no está disponible en el Reino Unido), necesitamos recordar qué hora es en el país del que hemos partido. Esa es la hora que tiene en este momento nuestro reloj biológico.
2. ¿Queremos adelantar o atrasar el reloj? Si viajamos hacia el este, querremos ADELANTARLO, lo que significa hacernos un poco aves madrugadoras. Esto supone evitar la luz brillante cuando nuestro cuerpo cree que es de noche y buscarla después de las 6 de la madrugada en nuestra antigua zona horaria.

CÓMO MINIMIZAR EL EFECTO DEL CAMBIO DE HORARIO

SI VAMOS HACIA EL ESTE (por ejemplo, de Londres a Tokio)

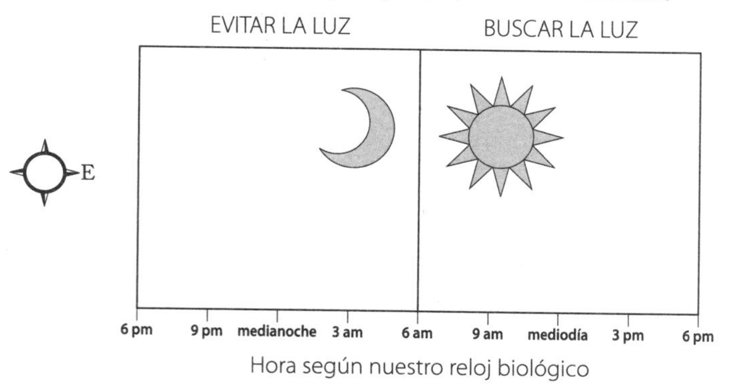

Estar expuestos a la luz entre las 6 de la mañana y las 6 de la tarde en la zona horaria que abandonamos **adelantará** nuestro reloj corporal, lo cual nos viene bien si viajamos hacia el este. El efecto es máximo a eso de las 9 de la mañana. Busquemos la luz durante esas horas y minimicemos la recepción de luz entre las 6 de la tarde y las 6 de la mañana en nuestra zona horaria inicial (sobre todo a eso de las 3 de la madrugada) poniéndonos gafas de sol o durmiendo si este período coincide con la noche en la nueva zona horaria.
Si tenemos melatonina, tomémosla **antes** de la 1 de la madrugada de nuestra zona horaria inicial.

SI VAMOS HACIA EL OESTE (por ejemplo, de Londres a Nueva York)

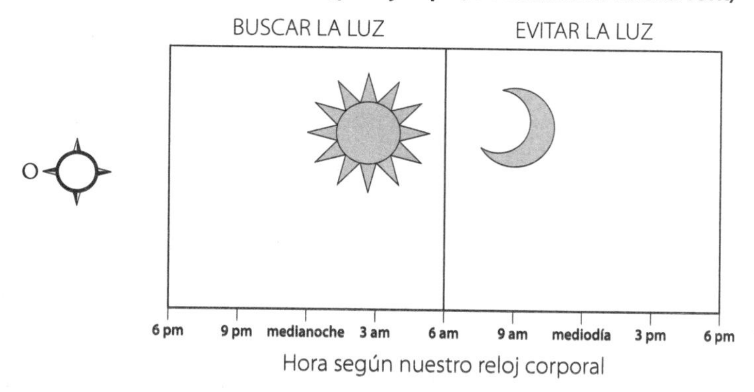

Exponernos a la luz entre las 6 de la tarde y las 6 de la mañana de la zona horaria que abandonamos **atrasará** nuestro reloj corporal, lo cual nos vendrá bien si vamos hacia el oeste. El máximo efecto se da alrededor de las 3 de la madrugada. Busquemos la luz durante esas horas y minimicemos la exposición a la misma entre las 6 de la mañana y las 6 de la tarde de nuestra zona horaria inicial (sobre todo alrededor de las 9 de la mañana) poniéndonos gafas de sol o durmiendo si el período coincide con la noche de la nueva zona horaria.
Si tenemos melatonina, tomémosla **después** de la 1 de la madrugada de nuestra zona horaria inicial.

Si viajamos hacia el oeste, querremos ATRASAR el reloj corporal y hacernos un poco lechuzas. Esto significa buscar la luz brillante cuando nuestro reloj corporal cree que es de noche y evitarla después de las 6 de la madrugada del país que acabamos de dejar.

En ambos casos deberemos acostarnos y levantarnos según el horario que prefiramos en la nueva zona horaria.

Vamos a poner como ejemplo un vuelo de Londres a Tokio. Durante los meses de invierno, Tokio va nueve horas por delante del Reino Unido, lo que significa adelantar el reloj corporal nueve horas y convertirnos en aves muy madrugadoras para las costumbres británicas. Digamos que el vuelo sale a las 7 de la tarde (hora británica) y tarda doce horas. Llegaremos a Japón a las 4 de la tarde, hora local, pero lo que importa a nuestro reloj corporal es que son las 7 de la mañana según el horario británico. Para adelantar el reloj, tendremos que evitar la luz durante prácticamente todo el vuelo y buscarla solo al final del trayecto (después de las 6 de la mañana, hora británica). Una manera de conseguirlo es ponernos unas gafas oscuras, de las que abarcan los ojos por completo, que llevaremos en el aeropuerto, en los movimientos que preceden a la subida al avión y, por supuesto, cuando estemos a bordo (las carlingas de los aviones abundan en luz artificial). También sería aconsejable dormir durante el vuelo, para lo cual podemos servirnos de un antifaz. La melatonina puede ayudarnos a superar el cambio de horario, pero solo si la tomamos cuando debemos, en este caso poco antes de subir a bordo, para reforzar la señal de sueño.

Después de las 6 de la mañana (hora británica) nos quitaremos las gafas y buscaremos luz brillante. Probablemente estaremos agotados, pero la buena noticia es que solo necesitaremos estar despiertos hasta que nos interese acostarnos de acuerdo con la nueva zona horaria. Antes de irnos a la cama, evitaremos la luz brillante, tomaremos algo de melatonina y, seguramente, conseguiremos un descanso decente por la noche.

Con un destino tan lejano como Japón, tendremos un problema adicional a la mañana siguiente, porque aunque nuestro reloj corporal se haya adelantado dos o tres horas, seguirá estando por detrás de la hora japonesa. Normalmente se aconseja a la gente que salga y viva de acuerdo con el nuevo horario en cuanto llegue al país de destino, pero en este caso podría ser contraproducente. Puede que el sol esté muy alto en Tokio, pero nuestro reloj biológico seguirá creyendo que es de noche. Queremos seguir adelantando nuestro reloj, pero ver la luz ahora podría retrasarlo, así que necesitaremos las gafas de sol y evitar la luz después del almuerzo. Debido a esto, cuando vamos a recorrer largas distancias es aconsejable empezar a cambiar el reloj unos días antes de emprender viaje, acostándonos cada vez más pronto si vamos a viajar hacia el este o cada vez más tarde si vamos hacia el oeste.

Ya hay aplicaciones que hacen estos cálculos por nosotros. Lockley incluso está a punto de lanzar una aplicación propia. Debido al desacuerdo científico sobre cuánto se tarda exactamente en cambiar el reloj, estas aplicaciones dan a veces consejos que no coinciden entre sí. Pero en todos los casos se aplican los mismos criterios: lo que importa es qué hora cree nuestro reloj biológico que es.

* * *

En lo referente a los problemas del desfase horario hay un campo de actividad del máximo interés y es el de los deportes de élite, donde la frecuencia de los viajes entra en conflicto con la urgente necesidad de tener una actuación brillante. El descanso y el sueño son fundamentales para los deportistas, como lo atestiguan figuras bien conocidas en todo el mundo: es el caso de Roger Federer, de quien se dice que duerme de nueve a diez horas por noche. Pero el problema no es solo que podemos sentirnos adormilados o despiertos cuando no debemos: el desfase horario es otra forma de desarreglo circadiano. Si los relojes de las células musculares se desfasan en relación con los del cerebro, o con los de los tejidos que regulan el suministro de combustible a los músculos, entonces pueden resentirse su fuerza, su coordinación y su capacidad de reacción. Y los deportistas profesionales que participan en competiciones internacionales se pasan la vida viajando alrededor del globo.

Doc Rivers, entrenador estadounidense de baloncesto, recuerda claramente el momento en que finalmente apreció la importancia del reloj corporal en el rendimiento de sus jugadores. Al ver que los Phoenix Suns (equipo conocido por tener una defensa floja) machacaba a los suyos, los Boston Celtics, que solían ganar todas las ligas, empezó a preguntarse si los jugadores estarían borrachos y por eso jugaban tan mal. Rivers se indignó tanto que discutió con los árbitros y fue expulsado de la cancha.

Meses antes, el investigador del sueño Charles Czeisler había predicho que los Celtics perderían ese partido, y todo por una extenuante serie de compromisos que los obligó a jugar un partido en Boston (costa Este), tomar el avión para jugar otro la noche siguiente en Portland (costa Oeste) y volver a tomar el avión para ir nuevamente hacia el este, a Arizona (que está en otra zona horaria), para jugar contra los Suns. Czeisler incluso había avisado a Rivers de que era muy probable que sus chicos parecieran borrachos tambaleándose por la cancha. Debería haberlo escuchado: los Suns ganaron a los Celtics por 88 a 71[145].

En un deporte como el baloncesto, una diferencia de una fracción de segundo en la velocidad de los jugadores y en su tiempo de reacción puede cambiar el resultado del partido.

Desde 2016, la experta en sueño Cheri Mah ha estado colaborando con el canal deportivo estadounidense ESPN, que emite por cable y satélite. El objetivo de su proyecto «alerta al horario» es predecir los partidos de baloncesto que se ganarán o perderán por culpa del agotamiento de los jugadores.

Para ello, Mah compara los horarios de los viajes de los equipos y la frecuencia de los partidos (ambas cosas pueden afectar al sueño y la recuperación física de los jugadores) para presentar los cuarenta y dos partidos que darán mayor desventaja competitiva a uno de los equi-

---

145. http://www.espn.co.uk/nba/story/_/id/17790282/the-nba-grueling-schedule-cause-loss.

pos. La idea es que se tome conciencia de la importancia del sueño en la recuperación del deportista, pero los corredores de apuestas también han sacado provecho de algunas predicciones de Mah.

Durante el primer año del proyecto, Mah acertó el 69 por ciento de las predicciones; y en el caso de diecisiete partidos «con alerta roja», en los que se preveía que la desventaja competitiva era especialmente grande, acertó el 76,5 por ciento.

Pero la idea de que el cambio de horario puede afectar al rendimiento deportivo no es totalmente nueva. Uno de los primeros estudios que analizó la cuestión comenzó casi como una broma entre unos neurólogos de la Universidad de Massachusetts a la hora del almuerzo a mediados de la década de 1990. Contrariados por la falta de datos que ilustrara los efectos físicos del cambio de horario, recurrieron a los documentadísimos historiales del béisbol norteamericano para averiguar si viajar entre la costa Este y la del Oeste (un viaje que supone atravesar tres zonas horarias) tenía algún impacto en el resultado de los partidos.

Generalmente, viajar hacia el este se considera más duro para el cuerpo que viajar hacia el oeste, porque exige que la gente se vaya a dormir y se levante antes (básicamente, acortando el día), cuando la inclinación natural de la mayoría es quedarse despiertos hasta más tarde, probablemente porque nuestro reloj biológico tiende a recorrer algo más de 24 horas. Esta tendencia hace que viajar hacia el oeste sea un poco más fácil de soportar.

Los resultados del béisbol apoyaron esta idea: el equipo visitante (que sufría una desventaja natural porque jugaba lejos de casa) ganaba el 44 por ciento de los partidos si había viajado al oeste, pero solo el 37 por ciento si había viajado hacia el este. Jugar en su misma zona horaria era lo mejor: aquí, los equipos visitantes ganaban el 46 por ciento de partidos. Recientemente, otro grupo investigador ha ampliado estos hallazgos, analizando más de 46.000 partidos de béisbol disputados en el espacio de veinte años; se puso de manifiesto que la ventaja normal de «jugar en casa» quedaba eliminada si el equipo local había recorrido recientemente más de dos zonas horarias hacia el este (y en consecuencia sufría el efecto del cambio de horario) y si el equipo visitante era de la misma zona horaria.

Mah ha cuantificado además los beneficios de un sueño más largo en los deportistas: en un estudio reciente descubrió que prolongando el sueño de los beisbolistas de 6,3 horas a 6,9 horas durante cinco noches, experimentaban una mejora de 122 milisegundos en el proceso cognitivo, lo cual, dado que una pelota rápida tarda unos 400 milisegundos en recorrer la distancia del montículo del lanzador a la posición del bateador, podría dar más tiempo para juzgar la velocidad y la trayectoria de la pelota[146]. En otro estudio descubrió que cuando los jugadores de los equipos universitarios de baloncesto dormían diez horas por noche en lugar de las habituales seis, siete, ocho o nueve, mostraban una mejora del 9 por ciento en la precisión de los lanzamientos, y un 5 por ciento en la velocidad de las carreras[147]. Puede que no parezca mucho, pero en el deporte profesional, donde el margen entre ganar y perder es tan estrecho, los deportistas se aferran a cualquier ventaja competitiva.

Sueño y desajuste circadiano aparte, el rendimiento físico también tiene un ritmo circadiano que sigue de cerca los altibajos diarios en la temperatura y la alerta del cuerpo. Fuerza muscular, tiempo de reacción, elasticidad, velocidad: el punto máximo se alcanza generalmente entre el atardecer y el anochecer.

El atardecer es el tramo horario en que más marcas mundiales se han conseguido; es también cuando los nadadores nadan más rápido y los ciclistas tardan más en cansarse de pedalear. En deportes que implican más habilidades técnicas, como el fútbol, el tenis o el bádminton, el rendimiento tiende a estar en lo más alto un poco antes, durante la tarde; se ha demostrado que es entonces cuando los futbo-

---

146. Informe presentado en el encuentro de 2017 de la Sleep Research Society, que se celebró en Boston.

147. C. D. Mah y otros, «The effects of sleep extension on the athletic performance of collegiate basketball players», *Sleep* 2011, 34(7), pp. 943–950.

listas chutan, hacen malabarismos, regatean y hacen vaselinas con más precisión. Pocos deportistas están en su mejor momento por la mañana; aunque los saques en el tenis suelen ser más precisos por la mañana, la velocidad que alcanzan es mayor por la noche.

Estas diferencias circadianas son menos importantes si hacemos ejercicio para entretenernos o para mantenernos en forma, aunque si hacemos ejercicio por la mañana temprano corremos más peligro de sufrir lesiones, así que vale la pena pasar más tiempo calentando a esa hora del día. Sin embargo, si queremos adquirir ventaja competitiva o conseguir una marca personal, la hora del día parece que tiene mucha importancia.

También la tiene para los deportistas que compiten a nivel internacional, porque atravesar zonas horarias puede alterar el momento en que más rinden. Fijémonos por ejemplo en los jugadores de rugby ingleses: hay estudios que muestran que son más rápidos y fuertes por la noche, pero si el equipo inglés vuela a Nueva Zelanda para competir contra los All Blacks, de repente su rendimiento será mejor por la mañana (al menos hasta que se ajuste su reloj biológico). Por lo tanto, muchos deportistas viajarán hasta el país de destino una semana antes de las grandes competiciones, para que su cuerpo tenga tiempo de adaptarse. Los más inteligentes incluso cambiarán el horario de entrenamiento para acostumbrarse a hacer ejercicio a la hora en que tendrá lugar la competición.

Eso si quieren estar en su mejor momento. Se rumorea que el equipo estadounidense de salto de esquí busca deliberadamente el efecto del desfase horario: si estás dispuesto a lanzarte por una rampa gigante atado a un par de esquís, no parece mala medida estar un poco mareado para superar el miedo.

«Dejas que la memoria muscular se encargue de todo», comentaba un esquiador estadounidense[148]. A veces es mejor eso que pensar en lo que tienes que hacer.

---

148. Kevin Bickner, entrevistado por Ben Cohen, *Wall Street Journal*, 7 de febrero de 2018.

* * *

Al margen de que se controle o no el impacto del desfase horario en equipos enteros, en algunos deportes se está empezando a profundizar en un aspecto aún más complejo: determinar el cronotipo de los profesionales.

Aunque la fuerza alcanza su punto máximo a las 5.30 de la tarde por término medio, podría ser un poco antes en los tipos madrugadores y un poco más tarde en los tipos trasnochadores. Lo mismo ocurre con otros atributos mentales y físicos.

«Yo podría decirle a un entrenador: estos son los jugadores que lo harán mejor en los partidos que se jueguen de día y estos otros los que lo harán mejor por la noche, aunque no creo que nadie haya dejado nunca de jugar un partido por esta clase de información —dice Mah—. Creo que los entrenadores saben por intuición que fulano y mengano juegan fatal en una u otra clase de partidos, porque los llevan observando mucho tiempo.»

Naturalmente, la NASA va por delante en todos los campeonatos y ya «cronotipifica» a sus astronautas —clasificándolos en madrugadores, intermedios o trasnochadores, según la hora en que prefieren dormir—, y a veces utiliza esta información para repartir los turnos de trabajo o para decidir cuándo se puede realizar un trabajo específico a bordo de la EEI.

Imaginemos un mundo donde todos los empresarios hicieran esto: donde las lechuzas pudieran iniciar su jornada más tarde, para estar seguras de que han descansado bien, y donde las reuniones se programaran para el momento ideal en que todo el mundo estuviera mentalmente más alerta y receptivo. Este sueño utópico podría estar cerca de cumplirse entre los habitantes de una soñolienta ciudad balneario alemana.

10

Relojes para la sociedad

En la cubierta de un folleto turístico de la ciudad balneario alemana de Bad Kissingen hay una mujer joven. Vestida con pantalón corto blanco y chaleco rosa, la mujer está apaciblemente sentada en una soleada roca que da a un río y lee un periódico. En la parte superior izquierda de la página hay un eslogan: *Entdecke die Zeit*, «Descubra el tiempo».

En el siglo XIX, Bad Kissingen era un balneario de moda entre la aristocracia y la burguesía europeas. Acudían allí en busca de descanso y relajación, a empaparse de arquitectura clásica y de los aromáticos jardines de rosas y a tomar las aguas mineralizadas que, aunque supieran a clavos oxidados, tenían fama de curar todo tipo de dolencias.

En la actualidad, Bad Kissingen promueve el descubrimiento de una clase diferente de tiempo; se ha llamado a sí misma primera *Cronociudad* del mundo, un lugar donde el tiempo interior es tan importante como el exterior y donde el sueño es sagrado.

En este libro hemos visto las muchas formas en que podemos, como individuos, establecer una relación más saludable con la luz. Pero lo cierto es que pocos tenemos libertad para elegir el horario de trabajo o de clase y es muy escaso el control que tenemos sobre la iluminación de los espacios públicos y el entorno exterior, e incluso nos vemos obligados a reprogramar nuestro reloj interno dos veces al año debido al cambio de hora oficial que se ha establecido para ahorrar energía.

Entonces, ¿qué puede cambiar en la sociedad para que se adapte mejor a nuestros relojes biológicos?

Situada en la Baja Franconia, una región poco poblada de Baviera, Bad Kissingen podría parecer un lugar poco propicio para iniciar una revolución. Pero en cierto modo, dado que está en el corazón de Alemania y, por lo tanto, de Europa, podría ser el lugar perfecto para sembrar una idea que podría extender sus tentáculos a lo largo y ancho del mundo.

Esta idea germinó en la mente de Michael Wieden, un director administrativo de Bad Kissingen, en 2013. Tras seguir con interés el desarrollo científico de la cronobiología, Wieden se dio cuenta de que aplicar estos principios a la ciudad no solo beneficiaría a sus residentes, sino que daría una gran ventaja a Bad Kissingen sobre otras ciudades balneario rivales.

Bad Kissingen siempre ha estado ahí para curar y sanar, razonó; ¿y qué mejor manera de curar a nuestra moderna sociedad que devolverla al contacto con la luz natural y el sueño? Los turistas podrían ir y aprender la importancia del tiempo interior, y luego volver a casa y aplicar la lección a su vida cotidiana.

Wieden contactó con un cronobiólogo llamado Thomas Kantermann, que también se había entusiasmado por la idea. Kantermann, durante la adolescencia, se había encontrado a menudo en el despacho del director del colegio por haberse pasado de la raya; y ahora había encontrado una nueva serie de obstáculos que superar[149]. Kantermann estaba dispuesto a iniciar una revolución en el papel que atribuía la sociedad al sueño.

Los dos hombres redactaron inmediatamente un manifiesto que enumeraba las cosas que les gustaría cambiar: las escuelas deberían empezar más tarde, había que educar a los niños en exterio-

---

149. Kantermann describe esto en una conferencia TED que pronunció en Groninga en 2016.

res siempre que fuera posible y los exámenes no tendrían lugar por la mañana; se animaba a las empresas a ofrecer flexibilidad para que los cronotipos trasnochadores trabajaran y estudiaran cuando se sintieran en mejores condiciones; los centros sanitarios podrían ofrecer cronoterapias de vanguardia, diseñando tratamientos médicos para el tiempo interior de los pacientes; los hoteles podrían ofrecer a los clientes horarios variables para comer y dejar la habitación; y los edificios deberían modificarse para que entrara más luz diurna.

En julio de 2013, Kantermann, Wieden, el alcalde y los concejales de Bad Kissingen y los colegas académicos de Kantermann firmaron una declaración de intenciones en la que se comprometían a promover la investigación cronobiológica en la ciudad y a convertir Bad Kissingen en la primera ciudad del mundo en «realizar estudios científicos de campo en un contexto más amplio»[150].

Lo más polémico de todo fue la sugerencia de que Bad Kissingen se independizara del resto de Alemania y funcionara con el horario de verano para que hubiera más luz diurna.

* * *

Desde 1884 el mundo está dividido en veinticuatro husos o zonas horarias que toman como referencia el meridiano que cruza el observatorio de Greenwich en Londres, de ahí la expresión tiempo medio de Greenwich (GMT). Además, aproximadamente la cuarta parte de la población mundial —casi todos los habitantes de Europa Occidental, Canadá, gran parte de Estados Unidos y partes de Australia— cambia la hora del reloj dos veces al año[151].

---

150. https://www.theatlantic.com/health/archive/2014/02/the-town-thats-building-life-around-sleep/283553/.

151. Los países más cercanos al ecuador no tienen tanta necesidad, ya que el amanecer y el ocaso cambian poco durante el año.

La idea del cambio de hora se atribuye a Benjamin Franklin, que ya en 1784 habló de su preocupación por el consumo de energía durante los oscuros atardeceres de otoño e invierno. Incluso hoy la iluminación artificial es responsable del 19 por ciento del consumo de electricidad global y de aproximadamente el 6 por ciento de las emisiones mundiales de dióxido de carbono, otra razón más para encender menos luces en nuestros hogares durante los atardeceres.

Sin embargo, hasta el año 1907, en que un inglés llamado William Willett publicó por su cuenta un folleto titulado *The waste of daylight* («El desperdicio de la luz natural»), no se decidieron los políticos británicos a discutir en el Parlamento la idea de cambiar la hora oficial. Willet creía que ajustar las horas de trabajo a la salida del sol (al menos en las ciudades)[152] podría animar a la gente a participar en más diversiones al aire libre, mejoraría su bienestar físico, la alejaría de los bares, reduciría el consumo industrial de energía y facilitaría la instrucción militar al atardecer.

Por desgracia, Willet murió de gripe un año antes de que se cumpliera su sueño: el Reino Unido adoptó el cambio de hora en 1916 y Estados Unidos en 1918. Aun así, como señaló Winston Churchill, Willet «tiene el monumento que habría deseado en los miles de campos de deportes abarrotados de jóvenes entusiastas al atardecer durante todo el verano y uno de los mejores epitafios que un hombre podría conseguir: "Dio más luz a sus compatriotas"»[153].

Pero también hubo un gran inconveniente, señalado por un feroz oponente del cambio, John Milne, que escribió en el *British Medical Journal*: «Dos veces al año, la eficiencia del trabajador se verá reducida durante un tiempo»[154].

---

152. En algunas latitudes, el cambio de hora roba mucho tiempo de luz natural a los agricultores madrugadores.

153. Winston Churchill, «A Silent Toast to William Willett», *Finest Hour* (Journal of the International Churchill Society), 114, primavera de 2002.

154. https://www.bmj.com/content/1/2632/1386.

Adelantando el reloj cada primavera y retrasándolo cada otoño, estamos creando otra forma de desfase horario social. Un estudio con alumnos de un centro estadounidense de enseñanza media (una población que duerme poco) sugería que su sueño se reducía 32 minutos por noche durante la semana siguiente al cambio de hora primaveral; experimentaban a corto plazo una reducción en la capacidad de reacción, así como titubeos en la atención[155]. Las notas de los exámenes de matemáticas y ciencias bajaban entre los alumnos más jóvenes después del cambio de hora, mientras que un estudio estadounidense realizado con los exámenes de las llamadas escuelas preparatorias, que sirven para decidir las admisiones en las universidades, encontró notas anuales más bajas en los estados norteamericanos que cambiaban de hora que en los que no cambiaban[156].

En adultos, la transición al horario de verano y la privación de sueño que causa se han asociado con el aumento del 6 por ciento de una práctica que ha dado en llamarse «ciberholgazaneo» o «ciberpereza» (en inglés *cyberloafing*: perder el tiempo laboral con páginas web ajenas al trabajo, como las que muestran fotos de mascotas) el lunes siguiente al cambio de hora, en comparación con el porcentaje hallado la semana anterior[157], además de un aumento de fallecimientos y lesiones, incluidos los accidentes de tráfico. Parece que incluso los jueces estadounidenses, la semana siguiente al cambio, dictan sentencias más severas por los mismos delitos. Desde el punto de vista de la salud, los cambios de hora se han relacionado con el aumento de los ataques al corazón, los derrames cerebrales, los intentos de suicidio y los ingresos psiquiátricos.

Hubertus Hilgers tenía diecisiete años cuando Alemania adoptó el cambio de hora en 1980. Dado que vivía en el campo, se levantaba

---

155. https://www.ncbi.nlm.nih.gov/pmc/articles/PMC4513265/.

156. http://psycnet.apa.org/record/2010-22968-001.

157. https://www.ncbi.nlm.nih.gov/pubmed/22369272.

a las 5 de la mañana, en lugar de a las 6, para poder coger el autobús de la escuela, donde las clases empezaban a las 8.

«Ya me costaba dormirme por la noche antes de medianoche o la una de la madrugada, así que al día siguiente tenía que hacer un gran esfuerzo para salir de la cama. Mis trabajos escolares empeoraron bastante y mis notas se hundieron durante el medio año que tuvimos el horario de verano. Todo mejoró cuando volvimos a la hora normal.»

Hilgers vive ahora permanentemente con el horario de invierno («la hora normal», que dice él), desafiando al resto de la sociedad alemana. Quedar para reunirme con él en la ciudad de Erfurt, que está cerca de Bad Kissingen en tren, me obligó a hacer ciertos cálculos mentales; él asegura que mantiene despierto el cerebro, pero para mí, y sin duda para muchos otros con los que se relaciona, fue un sufrimiento.

A pesar de todo, muchos simpatizan con sus argumentos sobre el cambio de hora. En 2015 lanzó una petición a través de Internet, *Beibehaltung der normalzeit* («Mantener la hora normal»), que consiguió 55.000 firmas *online*, más otras 12.000 por escrito, lo que fue suficiente para que los periódicos nacionales se interesaran por el asunto. La petición motivó un amplio debate en Alemania.

* * *

La iniciativa de Bad Kissingen reavivó ese debate. Si hubiera rechazado el cambio de hora, como Kantermann y Wieden proponían, Bad Kissingen se habría convertido en la única ciudad europea sin cambio de hora:

«Todos los individuos y todas las empresas habrían recibido una gran publicidad por ello», dice el cronobiólogo Till Roenneberg, que también apoya la desaparición del doble cambio de hora anual.

Situarse deliberadamente uno mismo en un aislamiento temporal de esa magnitud podría parecer una actitud radical, pero hay precedentes. Durante más de medio siglo, el estado de Arizona se ha negado a seguir al resto del país en el adelanto de primavera, aunque la reserva Navajo, que está dentro de sus fronteras, sí cambia la hora. No obstante, la reserva Hopi, que está dentro de la reserva Navajo, sigue al resto de Arizona y mantiene el horario de invierno, formando una especie de dónut guerrillero dentro de un Estado ya amotinado. Y hasta 2005, varios condados y ciudades del oeste de Indiana cumplían con el cambio de hora, pero otros no.

Al final, el ayuntamiento de Bad Kissingen no aprobó la moción para suprimir el cambio de hora. Pero aunque la ciudad no esté lista para convertirse en símbolo del movimiento opositor al cambio de hora, la idea ha germinado en otras partes, por ejemplo en Finlandia, donde hay luz prácticamente todo el tiempo durante el verano, a pesar de lo cual sufren el desfase horario social causado por el cambio de hora. La Unión Europea ha propuesto recientemente suprimir el cambio, aunque para llevarlo a cabo necesita el apoyo de los veintiocho gobiernos nacionales y del propio parlamento europeo[158]. Mientras, en el sur de Inglaterra a muchos les gustaría ver a todo el país adelantar la hora permanentemente y ajustarla a la Hora Central Europea[159], dado que en Gran Bretaña la vuelta al horario invernal significa que en diciembre y principios de enero oscurece ya a las 4 de la tarde.

Todo esto es para destacar un punto importantísimo: que nuestra biología está ligada al sol, aunque el reloj que utiliza la sociedad para marcar el tiempo está influido por una complicada red de factores políticos e históricos.

Tomemos Alemania como ejemplo. En su zona más ancha, el país abarca nueve grados de longitud y el sol tarda 4 minutos en pasar

---

158. https://www.bbc.co.uk/news/world-europe-45366390.

159. Según planes propuestos en un proyecto de ley de 2010, el Reino Unido seguiría con el cambio de hora, lo que significa que en la práctica tendría una doble hora estival entre fines de marzo y fines de octubre.

por encima de cada uno de ellos, lo que significa que el sol sale 36 minutos antes en la frontera oriental que en la occidental. En un país con la misma zona horaria (y los mismos programas de radio y televisión, los mismos horarios escolares y el mismo régimen laboral), sería de esperar que todo el mundo se levantara más o menos a la misma hora, pero Roenneberg ha puesto de manifiesto que el cronotipo (la hora a la que las personas se levantan y acuestan cada día) está ligado a la salida del sol. Por término medio, los alemanes se levantan cuatro minutos más tarde por cada grado de longitud oeste, lo que significa que los que viven más al este se levantan por término medio 36 minutos antes que los que viven en el extremo oeste del país[160]. Un patrón similar[161] se ha documentado en Estados Unidos, donde quienes viven en el extremo oriental de su zona horaria tienden a ser más madrugadores que los habitantes del extremo occidental, donde el sol sale más tarde.

En algunos casos, la diferencia entre la hora exterior y la interior es enorme. Una de las principales razones de que los españoles cenen tan tarde es que, como están en el extremo occidental de la zona horaria de Europa Central, las 10 de la noche son en realidad las 7.30 según su reloj interior, que está ajustado con la salida del sol.

Si el Reino Unido adelantara sus relojes para igualarlos con los de Alemania y Francia, la gente recibiría más luz al atardecer, pero no por la mañana, lo cual atrasaría nuestros relojes interiores. Aun así, tendríamos que seguir levantándonos a la misma hora cada día para ir a trabajar o a la escuela, potencialmente agravando aún más el desfase horario social. Y a mediados de diciembre, la adopción de la Hora

---

160. https://www.cell.com/current-biology/pdf/S0960–9822(06)02609–1.pdf.

161. Parece que la diferencia es aquí de dos minutos por grado, aunque es posible que el dato sea menos seguro porque la población estadounidense está concentrada en áreas urbanas, lo que hace que la diferencia entre un Estado oriental como Maine y otro occidental como Indiana —ambos dentro de la zona horaria del Este— sea de 40 minutos aproximadamente. He escrito sobre esto en *New Scientist:* https://www.newscientist.com/article/2133761-late-nights-and-lie-ins-at-the-weekend-are-badfor-your-health/.

Central Europea significaría que el sol saldría en Londres a las 9 de la mañana, mientras que en Glasgow saldría a las 9.40. Muchos oficinistas llegarían a su puesto de trabajo cuando todavía es de noche. El sol se pondría a las 5 de la tarde en Londres, lo que significaría que el trabajador con un horario de 9 a 5, que no sale a la calle a la hora de comer, pasaría varios meses del invierno sin ver la luz diurna en absoluto.

Rusia, que se pasó al horario permanente de verano en 2011, realizó un brusco giro tres años después, alegando la mala salud y los accidentes que causaba[162]. Serguéi Kalashnikov, presidente de la Comisión Sanitaria de la Duma Estatal, aseguró que el cambio condenó a los rusos a un mayor estrés y un empeoramiento de la salud, porque tenían que ir al trabajo o a clase en medio de una oscuridad total. También se le culpó de un aumento de accidentes de tráfico matutinos. Desde 2014, al menos algunas partes de Rusia han decidido vivir permanentemente con el horario de invierno. Sin embargo, los moscovitas se quejan ahora del insomnio causado por las prematuras salidas del sol en verano, y han aumentado las ventas de persianas que bloquean totalmente la luz, todo lo cual ilustra la complejidad del tema y lo difícil que es acertar.

* * *

Pero si encontráramos la manera de satisfacer mejor las necesidades circadianas de grupos concretos, el debate sobre el cambio de hora tal vez sería más sosegado.

Pocos miembros hay en la sociedad a quienes les cueste más adaptarse a las exigencias sociales madrugadoras que los adolescentes.

---

162. La razón inicial del cambio fue un informe de la Academia de Ciencias Médicas de Rusia, que afirmaba que cuando los relojes se cambiaban los ataques al corazón casi se duplicaban y el índice de suicidios aumentaba en el 66 por ciento.

Por eso no creo que sea de extrañar que uno de los centros de Bad Kissingen que adoptaron con más entusiasmo la idea de Cronociudad fuera el instituto de enseñanza media local, el Jack Steinberger Gymnasium, que cuenta con unos 900 alumnos de entre diez y dieciocho años. Un grupo de alumnos mayores creó un cuestionario para hacer un sondeo entre el resto de alumnos sobre si sería preferible empezar las clases a las 9 de la mañana en lugar de a las 8. La mayoría contestó afirmativamente. Además, cronotipificaron a todo el centro y calcularon la cantidad de desfase horario social que los alumnos sufrían cada semana. Cerca del 40 por ciento experimentaba de dos a cuatro horas de desfase social[163], mientras que otro 10 por ciento sufría entre cuatro y seis horas (el equivalente al desfase producido al volar de Berlín a Bangkok y volver) cada semana. Aunque casi las tres cuartas partes de los adultos experimentan una hora o más de desfase social por semana, solo la tercera parte experimenta dos o más horas[164].

Como hemos visto, los adolescentes corren más riesgo de sufrir desfase social porque sus ritmos biológicos están atrasados de manera natural. Esto hace que les resulte más difícil conciliar el sueño por la noche, y encima tienen que levantarse temprano para ir a clase. Para compensar la privación de sueño que esto produce, duermen más los fines de semana[165].

El cronotipo trasnochador de los adolescentes nos indica también que sus picos naturales en razonamiento lógico y atención tienen lu-

---

163. Entendemos por desfase social la diferencia entre el punto medio del sueño en días de trabajo (o de clase) y el punto medio durante los días libres. Si, por ejemplo, nos acostamos a las 11 de la noche y nos despertamos a las 7 de la mañana los días laborales (el punto medio del sueño serían las 3 de la madrugada) y si los fines de semana nos acostamos a las 2 de la madrugada y despertamos a las 10 (el punto medio sería aquí las 6 de la mañana), el desfase social sería entonces de tres horas por semana.

164. https://www.sciencedirect.com/science/article/pii/S0960982212003259.

165. Los adolescentes necesitan dormir más que los adultos, así que es importante que recuperen el sueño perdido en vez de levantarlos de la cama los sábados por la mañana. Es mucho mejor incitarlos a acostarse pronto toda la semana exponiéndolos al máximo a la luz natural y minimizándoles la exposición a la luz azul al atardecer.

gar más tarde que en los adultos. Según un estudio[166], unos investigadores canadienses compararon el rendimiento cognitivo de adolescentes y adultos a media mañana, y otra vez a media tarde. Los resultados de los adolescentes mejoraban un 10 por ciento por la tarde, mientras que los resultados de los adultos disminuían un 7 por ciento.

Una estrategia para abordar esta cuestión es retrasar el inicio del horario de clase y permitir a los adolescentes que duerman más tiempo por la mañana, como propusieron los alumnos del Jack Steinberger. Minnesota, Estado norteamericano del Medio Oeste, estuvo entre los primeros en investigar los beneficios de hacerlo, después de que la Minnesota Medical Association enviara un informe a todos los distritos escolares urgiéndolos a hacer algo para mejorar el sueño de los adolescentes. Como resultado, varios institutos de Edina, municipio del área metropolitana de Minneapolis, cambiaron la hora de inicio de clases, que pasó de las 7.20 a las 8.30[167]. Cuando investigadores de la Universidad de Minnesota estudiaron el efecto del cambio, encontraron un apoyo casi unánime entre los alumnos, los profesores y los padres. A pesar del temor de los padres a que todo fuera una excusa para irse más tarde a la cama, los horarios de sueño de los adolescentes permanecieron prácticamente inalterados, pero al dormir más tiempo por la mañana, conseguían dormir más horas en general. Los alumnos dijeron que se encontraban menos cansados durante el día y creían que sus notas habían mejorado, mientras que los profesores veían menos alumnos con la cabeza apoyada en el pupitre y dijeron que los muchachos parecían más interesados y centrados. La asistencia a clase también mejoró[168].

---

166. https://www.sciencedirect.com/science/article/pii/S0262407917317700.

167. https://www.ncbi.nlm.nih.gov/books/NBK222802/.

168. https://conservancy.umn.edu/bitstream/handle/11299/4221/CAREI%20SST-1998VI.pdf?sequence=1&isAllowed=y.

Cuando empezó a difundirse la noticia de este resultado, otros centros comenzaron a cambiar también el horario, pero nadie ha realizado un estudio apropiado, ni antes ni después, que confirme que el cambio haya supuesto una diferencia real. Judith Owens es pediatra con un interés especial por la medicina del sueño. Cuando la llamaron del instituto de su hija para que diera una charla al personal sobre los potenciales beneficios de comenzar las clases 30 minutos más tarde, como habían estado comentando, accedió y decidió ver si podía obtener resultados más sólidos.

«Muchos creían que con media hora no se conseguiría nada, solo alterar el horario de clase», recuerda Owens. Ella sugirió que se recogieran datos sobre el sueño y el estado de ánimo de los estudiantes antes y después de aplicar tres meses el nuevo horario.

Owens quedó gratamente sorprendida por los resultados. Solo media hora de retraso en el comienzo de las clases dio por resultado que los alumnos dormían 45 minutos más cada noche.

«Como algo anecdótico, dijeron que se sentían tan bien por conseguir media hora más de sueño que tenían ganas de irse antes a la cama para dormir aún más —comenta Owen—. Y podían permitirse ir a la cama antes porque eran más eficientes haciendo los deberes.»

El porcentaje de alumnos que dormían menos de siete horas diarias pasó del 34 al 7 por ciento, mientras que la proporción de los que dormían al menos ocho horas subió del 16 al 55 por ciento. Los chicos también decían estar menos deprimidos y más motivados para participar en varias actividades[169]. Pero lo que realmente impresionó a Owens fue el cambio de humor de su hija Grace.

«Parecía una persona diferente —dice—. Conseguir que se levantase por la mañana dejó de ser una batalla; desayunaba sin problemas, y el inicio del día era agradable en lugar de una tortura para todos.»

Owens cambió el foco de su investigación y se dedicó a diseñar un plan sobre las horas de inicio de las clases para la American Academy

---

169. https://www.ncbi.nlm.nih.gov/pubmed/20603459.

of Paediatrics, basándose en los mejores indicios disponibles. En 2014 la American Academy of Paediatrics publicó sus conclusiones: iniciar las clases antes de las 8.30 de la mañana es una práctica modificable que contribuye a que la población adolescente duerma insuficientemente y sufra alteraciones del ritmo circadiano[170].

Pero ¿qué hora es la adecuada? La mayoría de los centros británicos no comienza las clases hasta las 8.50. Pero un estudio reciente concluyó que los chicos entre dieciocho y diecinueve años no se sienten mentalmente despejados hasta mucho después, y por lo tanto no deberían empezar a estudiar hasta las 11 de la mañana. En otro experimento con alumnos de trece a dieciséis años de un centro inglés de enseñanza media, los mismos investigadores hicieron pruebas para ver si cambiando la hora del comienzo de las clases de las 8.50 a las 10 de la mañana se notaba alguna diferencia. Los índices de ausencia por enfermedad cayeron bruscamente después del cambio: mientras que antes habían estado ligeramente por encima de la media nacional, dos años después del cambio habían bajado a la mitad de dicha media. El rendimiento escolar de los alumnos también mejoró: las cosas habían ido mal antes de aquello, ya que solo el 34 por ciento de los alumnos de dieciséis años conseguía «buenas» notas en los exámenes para obtener el Certificado General de Educación Secundaria, mientras que la media nacional era del 56 por ciento. Pero tras la introducción de la hora de inicio a las 10 de la mañana, la media subió al 53 por ciento[171].

Mientras tanto, en el instituto independiente de Hampton Court House, en el suroeste de Londres, los alumnos de los dos últimos cursos inician las clases a las 13.30 y terminan a las 19.00, lo que permite a los alumnos tener «más independencia para organizar su jornada».

---

170. http://pediatrics.aappublications.org/content/pediatrics/early/2014/08/19/peds.2014–1697.full.pdf.

171. https://www.frontiersin.org/articles/10.3389/fnhum.2017.00588/full.

Incluso empezar a las 10 de la mañana sería difícil de imponer en países como Estados Unidos, donde la mayoría de los adultos comienza a trabajar antes que en Gran Bretaña. Requeriría un cambio de mentalidad de los padres, así como una actitud más flexible de los empleadores, pero los datos sugieren que supondría una diferencia para muchos estudiantes.

* * *

Puede que las tornas estén cambiando en los centros docentes, pero en los lugares de trabajo aún queda mucho camino por recorrer. El cronotipo personal se basa en cuándo duerme el individuo en sus días libres, y una forma sencilla de determinarlo es fijarse en cuándo tiene lugar el punto medio de su sueño: si nos dormimos a medianoche los fines de semana y despertamos a las 8 de la mañana, el punto medio de nuestro sueño será las 4 de la madrugada. Roenneberg ha descubierto que en el 60 por ciento de las personas, el punto medio durante los días libres está entre las 3.30 y las 5.30 de la madrugada. Hay algunas aves madrugadoras en este grupo, pero la mayoría duerme hasta más tarde.

Esperar que la gente despierte a las 6.30 y esté mentalmente despejada cuando llegue al trabajo a las 8 o las 9 es luchar contra la naturaleza. Al igual que el rendimiento físico, la capacidad mental aumenta y disminuye en varios momentos del día. El razonamiento lógico tiende a aumentar entre las 10 de la mañana y mediodía; la capacidad para solucionar problemas, entre mediodía y las 2 de la tarde, mientras que los cálculos matemáticos suelen ser más rápidos alrededor de las 9 de la noche[172]. También experimentamos un descenso de la atención y la concentración después de comer. Pero estamos hablando de promedios, lo que quiere decir que el mejor momento del madrugador para resolver problemas podría darse varias horas antes que en el trasnochador.

---

172. Foster y Kreitzman, *Circadian Rhythms*, p. 15.

La investigación en esta área está todavía en mantillas, pero se sabe que los directivos con tendencias madrugadoras piensan que los empleados que empiezan a trabajar más tarde son menos concienzudos y evalúan su rendimiento por debajo de los que comparten las preferencias de sueño de los jefes.

«Si nuestro jefe entra a trabajar a las 7.30 y nosotros a las 8.30, el tipo piensa: "Ya llevamos una hora trabajando, o sea que tú vas a trabajar una hora menos". No se da cuenta de que nos quedamos tres horas más cuando él se va a casa —dice Stefan Volk, un analista de dirección de la Facultad de Ciencias Empresariales de la Universidad de Sídney—. También tiene que ver con la forma de pensar: como él es muy productivo por la mañana, supone que lo mismo les ocurre a todos los demás, así que cree que estamos perdiendo el tiempo.»

Una mayor conciencia de las diferencias individuales y de las preferencias por diferentes horarios no solo ayudaría a igualar las condiciones del juego, sino que además podría mejorar la productividad en el trabajo y la salud y bienestar de los empleados.

«Si obligas a una persona con hábitos nocturnos tardíos a entrar a las 7 de la mañana, lo único que tendrás será un empleado gruñón que se quedará sentado y tomará café, y dejará las cosas para las 9 de la mañana porque, sencillamente, no puede concentrarse antes», dice Volk.

Este tipo de enfoque podría contribuir también a que el lugar de trabajo sea más armonioso. La privación de sueño roba glucosa al córtex, la región cerebral que es responsable del autodominio. Un estudio descubrió que los empleados que dormían menos de seis horas por noche tenían más probabilidades de caer en comportamientos poco éticos o anómalos, como falsificar recibos o hacer comentarios ofensivos sobre sus colegas[173]. Otro descubrió que el horario de la conducta poco ética difiere según las preferencias de sueño de las

---

173. http://mikechristian.web.unc.edu/files/2016/11/Christian-Ellis-SD-AMJ-2011.pdf.

personas[174]: las gallinas madrugadoras tienen más tendencia a comportarse mal hacia el final del día, cuando empiezan a estar cansadas, mientras que hay más probabilidades de que las lechuzas trasnochadoras se porten mal por la mañana.

Permitir que el personal elija sus horas de trabajo de acuerdo con sus preferencias de sueño es una solución. Pero ¿merece la pena el caos que podría causar? Un grupo de investigadores estadounidenses dirigió recientemente un experimento de tres meses en una multinacional de tecnologías de la información[175]. El objetivo era mejorar el sueño de los trabajadores y el equilibrio trabajo-vida, ayudando a transformar una cultura basada en el tiempo que se pasa en la oficina en otra basada en los resultados. En lugar de juzgar a los compañeros por su forma de pasar el tiempo, se animaba a los empleados a trabajar a la hora y en el lugar que quisieran siempre que consiguieran unos resultados concretos, como por ejemplo entregar proyectos terminados a los clientes.

La media de sueño de los trabajadores se incrementó en 8 minutos por noche, sumando hasta una hora más de sueño en el transcurso de la semana. Y algo quizá más importante: el número de veces que la gente comentaba que no se sentía descansada disminuyó. Como dijo un empleado que previamente tenía que levantarse a las 4.30 de la mañana para empezar temprano en el trabajo y evitar la hora punta del atardecer: «Si trabajo en casa, no me levanto hasta las 6 o las 6.30 y empiezo a trabajar a las 7. Hacía años que no dormía tanto».

* * *

Volviendo a Bad Kissingen, Wieden está interesado actualmente en fundar un Centro de Cronobiología en la ciudad. Así habría un centro académico de investigación cronobiológica en Europa. Los pro-

---

174. http://journals.sagepub.com/doi/abs/10.1177/0956797614541989?journalCode=pssa.

175. https://www.ncbi.nlm.nih.gov/pubmed/29073416.

motores del proyecto Cronociudad esperan que esto dé un impulso a la ciudad y preste autoridad a sus esfuerzos:

«Si tenemos aquí un profesor de cronobiología, que dé conferencias públicas e inicie investigaciones, habrá más actividad en hospitales y comercios y la salud mejorará», dice el alcalde, Kay Blankenburg.

Ha habido también otras victorias. El Stadtbad, que supervisa las instalaciones turísticas y los balnearios de la ciudad, ofrece ahora un horario de trabajo flexible a su personal. Thorn Plöger, el director del hospital de rehabilitación de Bad Kissingen, se tomó la idea tan en serio que, en un momento dado, manipuló todos los relojes del hospital para que unos fueran un poco más aprisa y otros un poco más despacio, para que la gente reflexionara.

«La gente siempre anda preocupada por el tiempo —explica—. Unos dicen: "Son las 9, tengo que tomar la pastilla", y otros: "Tengo una cita a mediodía, así que debo irme". Yo les digo: "Tomáoslo con calma: *entdecke die zeit*".»

Le pregunto si respondieron bien.

«No —dice Plöger con una sonrisa maliciosa—. Dijeron que pusiera los relojes como antes.»

Suspira y cabecea. «Alemania tiene un problema. La gente siempre está mirando el reloj.» Para que la iniciativa de la Cronociudad funcione, explica, se requiere una mentalidad más flexible: uno podría decir: no importa cuándo empiezas a trabajar mientras termines el trabajo. Se trata del tiempo interior, no de lo que diga el reloj de la pared.

* * *

Plöger dejó la clínica en febrero de 2017 y se convirtió en director del Rhön bávaro, una zona de 1.240 kilómetros cuadrados de paisaje montañoso dominada por una serie de volcanes apagados, con forma de cúpula. Tras recoger el testigo de Wieden, actualmente está planeando hacer de aquella región la primera del mundo que pone el reloj biológico en primer plano. En el centro de este proyecto habrá políticas para fomentar el valor de reducir la contaminación lumínica (y, esperémoslo, para convencer a las ciudades y pueblos del Rhön de que hagan lo mismo), permitiendo a la gente dormir más fácilmente y apreciar los espectaculares cielos nocturnos.

Hay semillas parecidas que germinan ya en otros sitios, ya que la gente es cada vez más consciente del hecho de que la luz hace mucho más por las personas que permitirles ver. La investigación para escribir este libro me ha llevado a muchos lugares y me ha presentado a personas que, como Wieden, están trabajando para revolucionar nuestra actitud hacia la luz y el sueño.

Me han convencido de que es posible establecer una relación más saludable con la noche y el día sin tener que regresar a un pasado preindustrial, donde los extremos de luz y oscuridad restringían nuestra productividad y hacían incómoda la vida —incluso hacían difícil sobrevivir— en ciertas épocas del año.

Necesitamos pasar más horas en el exterior, para cosechar tanto los beneficios biológicos de los rayos solares en nuestra piel como para poner en hora nuestro reloj interior. Sin embargo, sería infantil sugerir que esto está al alcance de todos en todo momento. A veces estamos demasiado ocupados incluso para dar una vuelta a la manzana a la hora de comer, o es impracticable ir a trabajar andando o en bicicleta, o, simplemente, no nos es posible desayunar al lado de una ventana orientada al este para que nos dé la brillante luz matutina. Así que tenemos que esforzarnos por encontrar formas nuevas e innovadoras de iluminar nuestros hogares y nuestros lugares de trabajo, además de atenuar las luces por la noche.

Actualmente hay ya compañías eléctricas que han sacado al mercado lámparas cuya luz se parece más a la natural, pero en el futuro la iluminación debería adaptarse a cada individuo: habrá sensores que detecten a cuánta luz se ha expuesto una persona durante las 24 horas previas, posiblemente en conexión con un *software* expresamente hecho para controlar las pautas de sueño. La iluminación en casa y en el trabajo, por lo tanto, se ajustará para optimizar los ritmos circadianos individuales y mantenerlos en sintonía con el sol.

De igual manera, debería haber nuevas y mejores formas de llevar la cuenta de los ritmos internos de las personas para que los medicamentos se ingieran en el momento en que hay más probabilidades de que sean más efectivos, o que entren en actividad solo cuando una manecilla del reloj interior llegue a determinada hora.

Y aunque todavía no hemos encontrado una solución para el problema de los turnos de trabajo, está claro que deberíamos hacer todo lo posible para reducir el desajuste circadiano: esto significa regular nuestra agenda e irnos a dormir con tiempo suficiente para garantizarnos un sueño adecuado.

Somos fruto de un planeta que da vueltas y que se formó con luz de las estrellas. Y aunque inventemos nuestras propias estrellas eléctricas para iluminar la noche, nuestra biología sigue ligada a un monarca más poderoso que todas ellas: nuestro sol.

Epílogo

Una de las primeras cosas que hice cuando empecé a investigar para escribir este libro fue visitar Stonehenge a mediados de invierno, cuando, durante unas pocas horas, se permite a los visitantes entrar en el círculo de menhires (normalmente deben mantenerse a cierta distancia). Dos años después, regresé como invitada de la Costwold Order of Druids («Orden de los Druidas de Cotswold»). Tras pasar veinticuatro meses investigando la influencia del sol en nuestro cuerpo y nuestra biología circular, parecía importante completar también este círculo espiritual.

Como las personas que construyeron el túmulo de Dowth, está claro que los arquitectos de Stonehenge pensaban en el sol de invierno cuando construyeron el icónico megalito, hace unos 4.500 años. Cuando el sol se pone el 21 de diciembre, el trilito más alto enmarca el débil disco dorado que se hunde en el horizonte, listo para renacer con más fuerza al día siguiente.

Otro indicio que apoya la importancia del solsticio de invierno para estas personas es el cercano poblado de Durrington Walls, cerca del cual parece que había un círculo de postes de madera, Woodhenge. Se cree que aquí fue donde los constructores de Stonehenge vivieron mientras levantaron el megalito. Los arqueólogos han encontrado entre las antiguas casas un pozo con grandes cantidades de huesos de cerdos y vacas; los dientes de los cerdos revelaron que todos tenían nueve meses cuando murieron, lo que podría tener algo que ver con el solsticio de invierno. Es muy posible que gentes de puntos lejanos se reunieran allí para celebrar un banquete con ellos y caminar luego en procesión a lo largo del río Avon hasta el círculo de piedras, para observar la puesta de sol.

Pero los tiempos cambian, y para conservar este antiguo paisaje, English Heritage exige que los visitantes lleguen y se vayan en minibuses.

Nosotros fuimos al megalito en columnas de tres; un variopinto grupo de druidas y paganos con capa de fieltro; los demás éramos «amigos» interesados, como yo, y llevábamos un tabardo de color crema con una bellota verde bordada. Una mujer transportaba un enorme cesto con muérdago, otros llevaban cayados de madera con empuñaduras que imitaban los cuernos o las astas de animales, y había mucha quincalla celta. Reprimo una sonrisa cuando los turistas sacan sus teléfonos móviles para fotografiar o filmar este acontecimiento «tradicional».

Las piedras se elevan ante nosotros, más grandes de lo que recordaba; la sombra de los líquenes y las perforaciones hace que parezcan antiguos centinelas formando un anillo protector alrededor del espacio en el que queremos entrar. Mientras avanzamos, pendientes del sol, alrededor de los menhires, el único sonido es el tintineo de los cascabeles de los bailarines y un instrumento sin nombre con un sonido metálico, cuyo dueño, vestido con una túnica roja, asegura que compró en un festival de música Womad.

Hay un encanto especial en este ritual improvisado que se inspira en la naturaleza y en las viejas tradiciones de las Islas Británicas. Cuando completamos el círculo, la druidesa jefa se acerca a dos hombres con cayado de madera, que bloquean la entrada.

«¿A qué venís?», preguntan.

«A honrar a nuestros antepasados», responde la druidesa.

Los hombres se apartan, entramos en el megalito circular y damos otra vuelta por la parte interior, antes de detenernos y cogernos de las manos.

El sol apenas se ve, igual que la última vez que estuve aquí, pero hace notar su presencia a través de la incesante llovizna. Después de todo, sin el sol no habría evaporación ni lluvia.

La druidesa comienza su sermón, y mientras habla sobre que el sol volverá a nacer del vientre de la diosa madre, recuerdo la cámara con forma de útero que había en el túmulo de Dowth.

Luego, cada uno coge un trozo de pan, una ciruela seca o un trozo de pastel de maíz de la gran bandeja que nos presenta y abre la boca para beber el agua de la lluvia; por lo visto, alguien se ha dejado el hidromiel en el aparcamiento.

Los druidas modernos no siguen una serie de creencias o prácticas fijas, aunque sienten una veneración especial por la naturaleza y muchos también creen en la reencarnación, del mismo modo que el sol renace cada solsticio de invierno. Se reúnen ocho veces durante el ciclo anual para recordar puntos de inflexión que son básicos en nuestro viaje alrededor del sol y en el ciclo agrícola en que influye: el nacimiento de los corderos, el apareamiento del ganado, la siega y la matanza de animales al final del otoño.

Dos de nuestra compañía se adentraron en el círculo, uno con una corona de roble, el otro con una de acebo; ambos con cayado de madera. Se dan golpes, se insultan y acaban enzarzándose en una pelea. La multitud grita, unos animan al «rey roble» y otros al «rey acebo», hasta que el último cae a tierra y quiere rendirse. «Muy bien —susurra cuando la corona de acebo cae a la hierba húmeda—, pero la próxima vez te venceré.» Se refiere a la siguiente batalla ritual, que se representará de nuevo seis meses más tarde, en el solsticio de verano. Esta vez, el rey acebo triunfará y presidirá los meses de otoño que preceden al invierno.

Cuando regresamos a los coches hechos una sopa, miro al cielo y veo una formación de estorninos, una masa de pájaros que baja en picado, da vueltas y vuelve a descender, ejecutando una ceremonia invernal propia.

Noches después, cuando la lluvia ha cesado, vuelvo al campo de Wiltshire para mirar el cielo nocturno. Cranborne Chase, a un tiro de piedra de Stonehenge, es uno de los lugares más oscuros de Inglaterra y actualmente parece empeñado en ser una reserva de cielo negro. Mientras estoy acostada sobre una manta en la fría hierba y espero a que los ojos se adapten a este entorno poco familiar, observo el cielo y busco el Cinturón de Orión para orientarme.

Un amigo me dijo una vez que en una sola noche es posible observar la vida de las estrellas. Siguiendo los brillantes puntos de la espada de Orión, veo la masa algodonosa que estoy buscando: la Nebulosa de Orión, un semillero donde nacen nuevas estrellas.

Partiendo de Orión, distingo la testuz en forma de V de Tauro, y cerca de allí las Pléyades, ese nudo helado de estrellas que tanto inspiró a nuestros antepasados.

Allí está también Betelgeuse, una estrella 600 veces más grande que nuestro sol y que, si se pusiera junto a él, sería unas 10.000 veces más brillante. Se aproxima al final de su vida estelar; en un futuro no muy lejano, Betelgeuse se quedará sin combustible, se hundirá bajo su propio peso y explotará en forma de supernova espectacular. Un destino parecido aguarda igualmente a nuestro sol, algún día. Aproximadamente dentro de cinco mil millones de años, se hinchará hasta engullirnos junto con Mercurio y Venus, y luego desaparecerá en silencio sin convertirse en supernova.

Betelgeuse está relativamente cerca desde el punto de vista estelar, pero cuando los fotones de las estrellas más lejanas empiecen a recorrer el espacio hacia nosotros, los humanos ya no existiremos y tal vez tampoco nuestro planeta.

La próxima vez que miremos al sol, o a las estrellas, pensemos en el efecto de esos fotones en nuestra biología cuando alcanzan la retina al final de su épico viaje. La luz creó la vida y ha determinado nuestra biología desde entonces, y sigue influyéndonos en la actualidad. Somos criaturas del sol, y necesitamos su luz tanto como siempre.

Agradecimientos

Este libro se ha escrito en parte gracias a mi madre, Isobel Geddes, que desde que tengo memoria ha dividido el año en efemérides basadas en la disponibilidad del sol. Le doy las gracias por levantarse en lo más oscuro del invierno y acompañarme a ver el amanecer bajo la lluvia en Stonehenge y en Newgrange, por hablarme de lo mucho que sabía sobre monumentos prehistóricos y por ser una valiosa lectora inicial.

No podría haber escrito este libro sin la fantástica paciencia y capacidad paterna de mi marido, Nic Fleming, que defendió la plaza con valentía mientras yo me aventuraba en numerosos viajes a Escandinavia, Estados Unidos, Alemania e Italia; por leer mi (demasiado largo) primer borrador y ayudarme a mejorarlo, y por animarme en momentos de desesperación literaria. Gracias también a Nic y a nuestros hijos, Matilda y Max, por seguirme la corriente durante mi «experimento con la oscuridad» y pasar varias semanas de diciembre y enero sin luz eléctrica.

Estoy muy agradecida a mi agente, Karolina Sutton; y a Rebecca Gray de Profile Books por creer en mi idea y haberme encargado el libro. Gracias también al Winston Churchill Memorial Trust, que financió muchos de los viajes que necesité para escribir el libro, y a Mun-Keat Looi y Chrissie Giles, de *Mosaic*, revista digital de Wellcome Trust, que también financiaron varios de mis viajes al extranjero.

Mi visita a la comunidad amish de Lancaster County no habría sido posible sin la ayuda, la confianza y el entusiasmo de Teodore Postolache, de la Universidad de Maryland, que me presentó a Hanna y a Ben King. Estoy en deuda con Sonia Postolache por la compañía que me brindó y su gran habilidad para conducir, y a Hanna y Ben por permitirme entrar en su casa, presentarme a sus amigos y su familia y responder a mi incansable torrente de preguntas sobre la luz, el sueño y la vida amish.

Tampoco habría podido pasar la noche en una sala psiquiátrica de Milán sin la confianza y ayuda de Francesco Benedetti, del Hospital San Raffaele de Milán. *Grazie tante*, también, a los pacientes que me contaron detalles íntimos de sus enfermedades, y a Irene Bollettini por su labor de intérprete.

Richard Fisher, de BBC Future, me encargó con gran entusiasmo que investigara los efectos de vivir sin luz eléctrica y financió algunas de las pruebas científicas. Estoy en deuda con Derk-Jan Dijk y Nayantara Santhi, de la Universidad de Surrey, que me ayudaron a realizar el experimento y a analizar los datos. Gracias también a Marijke Gordijn de Chrono@Work por realizar los análisis de melatonina, y a Frank Scheer de Brigham and Women's Hospital, y a Mariana Figueiro y al Lighting Research Center, que también me ayudaron a interpretar los datos.

Como periodista científica, he contraído una deuda de gratitud eterna con todos los investigadores y los individuos que han pasado tiempo hablándome de su trabajo y sus experiencias, y digo lo mismo de este libro: aunque no los haya mencionado o citado directamente en estas páginas, la comprensión y las explicaciones que he recibido han sido de un valor incalculable. Especial mención para Anna Wirz Justice, Derk-Jan Dijk y Prue Hart, por leer varios capítulos y darme documentación sobre la precisión científica del material, y a mi suegro, Andrew Fleming, por sus ideas sobre el contenido arqueológico.

Para buscar la base científica de los ritmos circadianos leí incontables artículos periodísticos y libros, pero encontré mucha ayuda en libros como *Rhythms of Life* de Russell Foster y Leon Kreitzman; en *Circadian Rhythms: a very short introduction*, de los mismos autores; y en *Sleep: a very short introduction* de Steven Lockley y Russell Foster. También son muy recomendables *Internal Time* de Till Roenneberg y *Reset Your Inner Clock* de Michael Terman. Estoy agradecida a los profesores Lockley, Terman y Roenneberg por reunirse conmigo y responder a mis preguntas; sobre todo al profesor Lockley, que me explicó, pacientemente, cómo disminuir los efectos del cambio de horario y me ha salvado de este horror para el resto de mi vida. *Why We Sleep*, de Matthew Walker, también me fue de gran ayuda.

Para mi investigación sobre los efectos del sol en la piel me basé en gran medida en artículos aparecidos en *Photochemical and Photobiological Sciences: The health benefits of UV radiation exposure through vitamin D production and non-vitamin D pathways*. El libro de Richard Hobday *The Healing Sun* proporciona un excelente resumen histórico de la terapia lumínica a lo largo de los siglos.

Pasé una ridícula cantidad de tiempo investigando nuestra relación histórica con la luz del sol, aunque al final casi todo se quedó en el tintero. Sin embargo, para quien quiera saber más sobre este fascinante tema recomiendo *Stations of the Sun*, de Ronald Hutton, y *Prehistoric Belief* de Mike Williams. Y quien quiera una excelente perspectiva sobre la relación de la humanidad con el sol a lo largo de los siglos, *Chasing the Sun* de Richard Cohen es una auténtica enciclopedia, y si se busca más información sobre la evolución de la luz eléctrica, *Brilliant* de Jane Brox hace honor a su título.

Finalmente, gracias al equipo de Profile and Wellcome Collection por ayudarme a completar este libro y lanzarlo al mercado: mención especial merecen mis editores, Fran Barrie y Cecily Gayford, y mi correctora de estilo, Susanne Hillen. Había muchos árboles ocultando el bosque y, juntos, hicisteis un excelente trabajo para apartarlos.